21世纪经济管理新形态教材·经济管理类核心课程系列

U0378071

# C语言程序设计
## ——语法基础与实验案例

林志杰 ◎ 编著

清华大学出版社
北京

## 内 容 简 介

　　相比现有教材,本书的特点有:(1)面向非计算机专业的学生,内容更加侧重于基础、常用的语法知识。(2)在内容阐述、代码举例时,充分结合已讲授的知识点,帮助学生形成知识体系。(3)语言浅显通俗、习题示例丰富,以多个代码示例介绍知识点。第 1 ~ 10章均设有实验案例,第 11 章设有综合实践题目,以培养学生解决实际问题的能力。

　　本书适合作为经济管理类等非计算机专业的本科生及低年级研究生的学习用书,也适合其他有需要的人士进行自学之用。

**图书在版编目(CIP)数据**

　　C 语言程序设计:语法基础与实验案例 / 林志杰编著 . — 北京:清华大学出版社,2021.12
　21 世纪经济管理新形态教材 . 经济管理类核心课程系列
　　ISBN 978-7-302-59448-2

　　Ⅰ . ① C… 　Ⅱ . ①林… 　Ⅲ . ① C 语言—程序设计—高等学校—教材 　Ⅳ . ① TP312.8

　　中国版本图书馆 CIP 数据核字(2021)第 216647 号

责任编辑:徐永杰
封面设计:汉风唐韵
责任校对:王荣静
责任印制:杨　艳

出版发行:清华大学出版社
　　　　网　　　址:http://www.tup.com.cn,http://www.wqbook.com
　　　　地　　　址:北京清华大学学研大厦 A 座　邮　编:100084
　　　　社 总 机:010-62770175　　　　邮　购:010-62786544
　　　　投稿与读者服务:010-62776969,c-service@tup.tsinghua.edu.cn
　　　　质量反馈:010-62772015,zhiliang@tup.tsinghua.edu.cn
印 装 者:小森印刷霸州有限公司
经　　销:全国新华书店
开　　本:185mm × 260mm　印　张:18　字　数:300 千字
版　　次:2022 年 1 月第 1 版　印　次:2022 年 1 月第 1 次印刷
定　　价:56.00 元

产品编号:093893-01

# 前　言

　　计算机是一个极具技术性的领域。由于学科差异，在过去很长的一段时间里，高校里非计算机专业的学生基本上不需要掌握计算机的相关知识或技能。因此，计算机语言与程序设计这一类课程曾经是计算机专业学生的专属。但是，在如今技术高度发达、信息与数据极大丰富的形势下，各个学科、行业都与计算机产生了千丝万缕的联系，甚至对其产生了高度的依赖。因此，计算机语言与程序设计相关课程逐渐进入非计算机专业学生的课堂。甚至，它成为作者所在的清华大学经济管理学院全体本科生的必修课程之一。

　　本书作者在清华大学经济管理学院、清华大学深圳国际研究生院讲授"计算机语言与程序设计（C、Python）""金融数据分析"等课程。对于经济管理类的学生而言，毕业后一般不会从事程序开发的专业性工作。也许，Python 等简洁、易用、近年来十分受欢迎的语言工具能更加高效地帮助使用者进行程序设计、解决实际问题。但是，对 C 语言的学习能够带来其他语言无法比拟的好处：①C 语言是最为基础、通用的语言之一，它能够广泛地应用于不同的平台与场景，在实际问题的解决上具有更高的普适性。②相对于其他更为高级、抽象的语言，C 语言比较基础、接近机器。因此，它的语法也更为基础、严谨，更能帮助学习者触类旁通、掌握语言的应用。并且，也会帮助学习者更加轻松地掌握其他更为高级、抽象的语言。③C 语言作为面向过程的结构化语言，有着清晰的层次，可按照模块的方式对程序进行编写。这种结构化的编程范式，能够很好地培养学习者的结构化思维模式。这种思维模式是超越语言本身的，能够被应用到非计算机（如经济管理）领域，通过严密的逻辑、清晰的结构解决领域中的实际问题。

　　虽然非计算机专业学生学习 C 语言具有众多益处，但对学生而言，学习难度也较大，对讲授 C 语言的教师而言也极具挑战性。作者在为课程选择 C 语言方面的参考书时，往往比较苦恼。当前许多优秀的 C 语言类图书并不是特别符合非计算机专业学生的需求。作者在教学过程中，深感教材的重要。一本精心设计的教材不仅能够帮助学生更好地学习，还能方便教师更好地讲授。这促使作者参考众多同类教材，结合自己的教学体会，从非计算机专业（尤其是经济管理类）学生的角度出发，进行本书的设计与撰写。

　　相对于当前国内已有的 C 语言教材，本书具有如下特点。

　　（1）内容的安排经过精心挑选。由于本书主要面向非计算机专业的学生，在内容的选择上更加侧重于基础、常用的语法知识，而略过一些更多地应用在计算机领域的专业性知识。

　　（2）知识体系结构经过合理安排。在介绍某一板块的语法知识时，在内容阐述、代码举例中都尽可能地避免涉及未讲授的内容，从而降低读者的理解难度。同时，会与已讲授的知识点进行充分的结合，帮助读者融会贯通并形成知识体系。

　　（3）语言浅显通俗、示例习题丰富。书中每一个知识点的介绍都伴随着多个专门针对该语法知识的代码示例，这有助于读者及时地掌握。此外，第 1～10 章都有实验案例，并提供了参考答案，能够帮助读者在掌握语法之后，培养解决实际问题的能力。

　　本书所面向的读者主要为经济、管理等非计算机专业的本科生及低年级的研究生。并且，书中不少涉及 C 语言语法及部分实际应用的章节内容并无专业领域之分。因此，本书自然适合各个专业领域的学生进行 C 语言的入门学习。此外，书中由浅入深的讲解以及具体的实例，也适合其他有需要的人士进行自学之用。

　　本书章节结构虽然经过精心挑选、多次调整，但篇幅有限，无法涵盖过多的内容，因此可能无法满足读者的部分需求。内容虽然经过多次修改和校对，但由于作者水平有限，加之时间仓促，疏漏在所难免。对此，作者热切期望得到各位读者的批评指正。

　　书中所涉及的程序例子主要基于 C 99 版本。所有的源代码及相关文件资料，请读者从以下网址下载：https://cloud.tsinghua.edu.cn/d/ea43ee82ebab43a4a2c8/。

林志杰

清华大学经济管理学院

2021 年 12 月

# 目　录

# 第 1 章　程序设计与 C 语言

## 1.1　计算机程序

什么是计算机程序?

没有接触过计算机的人往往会认为,计算机是无所不能的,无须用户操控就能自动进行很多高深莫测的操作,因此计算机也被蒙上一层神秘的面纱。这是许许多多外行人的误解。实际上,目前计算机能解决的问题仍然十分有限,在计算机可解决的问题中,很多解决方案也依赖于操作计算机的人——程序员的智慧。计算机的每一步操作,都是根据人们事先设定好并输入计算机的指令一步一步进行的。例如,当我们需要命令计算机完成两个数的四则运算时,首先需要向计算机输入两个数,然后用一条指令要求计算机应当如何处理这两个输入的数(加、减、乘、除),用另一条指令要求计算机将处理结果输出到显示屏,以此反馈给操作计算机的用户。至于其他计算机执行的更加复杂的操作,也是根据事先编写好的多条指令,自顶而下逐步操作完成的。

所谓计算机程序,就是计算机能识别和执行的一系列指令的集合,每一条指令的目的都是使计算机完成特定的操作。只要用户事先将一系列指令输入计算机,计算机就能根据指令自动地、有规律地完成特定的工作。每条特定的指令所实现的功能都不尽相同,实现同一功能的指令也可以有多种不同形式。现代计算机系统为了实现良好的用户交互、快捷的数据处理、高效的读写操作等功能,需要编写并运行成千上万个程序,但这些程序已经由底层计算机系统及软件设计人员根据特定需求编写并封装好，在我们日常使用计算机的过程中往往并不会直接接触到。此外，互联网企业、政府部门、用户还可以根据不同的应用场景以及实际需求设计并编写一些具有特定功能的应用程序，如图片处理程序、音视频剪辑程序、财务管理程序、工程计算程序、学生信息统计程序等。

　　总而言之，程序是计算机的灵魂，计算机的一切操作都是由程序完成的，离开程序，计算机就只是一个毫无用处的空壳子。因此，计算机的本质是程序的机器，程序和组成程序的指令是计算机系统最基本的概念，只有懂得如何正确地设计程序，才能更加深入地了解并使用计算机，为我们的生活解决实际的问题。

## 1.2　计算机语言

　　如果说计算机的核心是程序，那么程序的核心就是指令。在我们生活中，人与人之间传达指令的核心方式是语言和文字，那么人们向计算机传达指令也需要通过特定的语言。这种特定的语言必须具备两个特点：计算机能识别和读取这种语言；为了方便人们编写程序，这种语言必须符合人类的认知特点。因此，计算机语言应运而生。计算机语言的诞生和发展是一个漫长的过程，主要经历了以下几个阶段。

### 1.2.1　机器语言

　　目前主流的计算机工作原理仍然是基于二进制，从本质上而言，计算机只能识别和接受由一系列 0 和 1 组成的指令。要令计算机执行用户的指令，需要程序员将指令"翻译"成一组由 0 和 1 组成的指令。在早期的计算机中，程序员在完成翻译指令的操作后，还需要通过人工的方法使用纸带穿孔机在一些特定材料制成的纸带上穿孔，指定的位置上有孔为 1、无孔为 0。构成一段程序的指令就这样被"打印"在长长的纸带上，当需要运行程序的时候，就将该段程序对应的纸带装在光电输入机，随后光电输入机依次读入纸带上的孔洞信息，有孔处电路联通并产生电脉冲，指令被翻译为电信号，计算机根据这些电信号便能执行各种操作。

　　这种计算机能直接识别和读取的二进制 0、1 代码被称为机器指令（machine instruction），一系列机器指令的集合构成的语言就是机器语言（machine language）。

机器语言的规则中，主要指定的是各种特定指令的二进制表示形式以及这些指令的作用。

从上述的描述中我们不难发现，机器语言无论是表示形式还是语法都与人类语言的特点以及人类的认知结构相去甚远，学习成本高，难以书写，检查和修改难度极大（需要在一长串 0 和 1 中找出错误的某个位置犹如大海捞针），因此难以大规模推广使用。早期机器语言的这些特点，也导致只有很少一部分从事计算机专业的人（大部分是科学家）才能编写计算机程序。

### 1.2.2　汇编语言

机器语言难以学习和使用，但是由于用户希望计算机完成的操作与指令一一对应，而指令又与机器语言中特定的二进制代码一一对应，那么我们能不能创造一种特殊的语言，将符合用户认知的操作命令"翻译"为计算机能识别和读取的二进制代码呢？因此，汇编语言便出现了。

汇编语言的主体是一系列汇编指令。汇编指令和机器指令的主要区别在于同一指令的表示方法上。汇编语言是为了克服机器语言难以学习和理解的缺陷，在语法上更加符合人类语言的特点。简而言之，汇编指令是机器指令便于记忆和书写的格式，例如：

操作：将寄存器 BX 的内容发送到 AX 中

机器指令：1000100111011000

汇编指令：mov AX, BX

汇编语言发明后，程序员就逐渐使用汇编语言来编写计算机程序了。但是，计算机不能直接识别汇编语言的汇编指令，因此需要汇编程序将汇编语言的指令转换为机器指令，这种汇编程序一般被称为编译器。程序员用汇编语言编写出计算机程序，再由编译器将汇编语言编译为机器语言组成的机器指令，由计算机读取并执行。如图 1-1 所示。

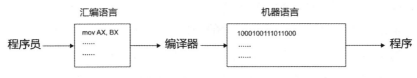

图 1-1　汇编语言编写程序的工作过程

虽然汇编语言的可读性与可写性相较于机器语言而言已经有很大进步，但是汇编语言也具有一定的缺陷。首先，汇编语言是面向机器的，处于整个计算机语言层次结构的底层，通常是为特定的计算机或系列计算机单独设计的，不同的计算机处理器具有不同的汇编语言语法和编译器，在 A 机器上编译运行通过的汇编语言程序在 B 机器上往往无法执行，因此汇编语言编写的程序缺乏可移植性；其次，由于汇编语言的语法和编译器高度依赖于特定的处理器，使用汇编语言要求程序员必须对某种处理器非常了解，而且只能针对特定的体系结构和处理器进行优化更新，因此开发效率仍然十分低下，可普及性也有待提高。

### 1.2.3　高级语言

为了克服汇编语言的缺陷，高级语言（high-level programming language）便诞生了。高级语言是一种独立于机器、面向过程或面向对象的语言。这种语言功能性较强，且不依赖于具体机器，用这种语言写出来的程序对任何型号的计算机都适用（或仅需要进行少量修改）。由于这种语言对于具体计算机和处理器的依赖度大大降低，与具体机器的距离较"远"，故被称为高级语言。

高级语言的基本特点是其较接近人类自然语言，同时语法和结构比较符合数学公式的相关法则。程序中使用到的语句和指令往往使用一些简单的英语单词来表示，同时程序中使用的运算符和运算表达式也与我们日常生活中所用的数学表达式相似，程序的运行结果也用英语单词、数字和符号的组合表示，因此非常容易理解，可读性和可写性非常强。

与汇编语言类似，计算机同样不能直接识别高级语言编写的程序，因此也需要一种被称为编译程序的软件（相当于处理汇编语言的编译器），将高级语言编写的程序"翻译"为机器指令的程序，然后再让计算机执行可读的机器指令程序，最后得到我们想要的结果。在编程的实践中，一条高级语言的简单语句所实现的功能往往需要多条不同的机器指令共同完成。

高级语言并不是某一种特指的具体计算机语言，而是一系列编程语言的集合。而高级语言这一集合之中，根据不同语言的特性，可以划分为以下几个类别。

（1）非结构化编程语言。最初诞生的一批高级语言一般都是非结构化的语言，这类语言的特点是只需要遵循特定的语法和规则，没有稳定统一的编程风格，缺乏严格的规范要求，最致命的是在程序运行的流程中可以前后随意跳转，不能正确反映结构程序的设计思想，因此被称为非结构化语言。

在非结构化语言流行的时代，很多程序员为了追求程序运行的效率而采用了许多取巧的"小技巧"，牺牲了代码的可读性和可维护性，使得程序往往变得难以阅读、检查和修改，也不利于团队开发大型程序。早期的 FORTRAN、COBOL、BASIC 等语言都属于非结构化语言。

（2）结构化编程语言。为了解决非结构化语言可读性和可维护性差的缺陷，提出了结构化的程序设计方法，并由此衍生出一系列结构化编程语言。结构化的程序设计方法以及结构化语言的语法要求规定，程序必须由具备良好特性且稳定的基本结构（顺序结构、选择结构、循环结构）构成，程序运行的过程中不允许随意跳转，而必须自顶而下顺序执行各个基本结构。

结构化语言比非结构化语言更易于程序设计，用结构化语言编写的程序，其结构的清晰性、代码的高可读性使得它们更易于编写及维护。例如结构化语言重要成员之一的 C 语言中，函数是一种重要的构件（程序块），是完成程序功能的基本组成部分。函数允许一个程序的各个子任务被分别定义和编码，使程序模块化。可以确信，一个好的函数不仅能正确工作，且不会对程序的其他部分产生副作用。

无论是非结构化语言还是结构化语言，都是面向过程的编程语言（procedure oriented programming，POP），其主要特点是将一个复杂的问题拆分成一个个解决问题所需要逐步完成的步骤，然后用函数等方式把这些步骤一步一步依次实现。基于该思想编写程序，就好比在设计一条流水线，是一种机械式的思维方式，其突出的优点是将复杂的问题流程化，进而简单化，易于初学者理解和学习。而随之而来的缺点是，基于特定的问题所设计的解决方案往往难以运用到其他问题上，因此可扩展性较差；同时，由于面向过程编程需要具体指定每一个步骤的解决方案，更加着眼于细节而非整体，在编写小规模程序时还能应用自如，但当面对诸如大型工程类程序时，应用面向过程语言处理海量的细节会使得程序员力不从心。

（3）面向对象编程语言（object oriented programming，OOP）。在编程的实践发展中，为了处理规模较大、复杂度更高的问题，同时为了提高代码的复用性，业界开始使用面向对象的语言。C++、C#、Visual Basic、Java 等都是支持面向对象程序设计方法的语言。

不同于面向过程程序设计的思路，面向对象编程的思路是把待解决的问题分解成各个对象，建立对象的目的不是完成一个步骤，而是描叙某个特定对象在解决整个问题的步骤中的行为。例如，当我们需要编写一个五子棋程序时，整个五子棋程序可以分为这样几个对象：黑白双方，这两方的行为是一模一样的；棋盘系统，负责绘制画面；规则系统，负责判定诸如犯规、输赢等。第一类对象（玩家对象）负责接受用户输入，并告知第二类对象（棋盘对象）棋子布局的变化，棋盘对象接收到了棋子的变化，就要负责在屏幕上面显示出这种变化，同时利用第三类对象（规则系统）来对棋局进行判定。面向对象编程就是这样操作一个个具体的对象，通过调用不同对象的参数和方法，从而实现问题的解决方案。

由于面向对象编程的核心思想是对象，而现实生活中不同的事物往往相似性大于特殊性，可以将不同事物的相似性提取出来，抽象概括归纳为同一类对象，因此面向对象程序设计的优点主要是其易编写、易维护、易复用、易扩展，同时系统更加灵活、更加易于维护；而其缺点也同样明显，由于面向对象编程的抽象概括程度更高，因此其性能往往比面向过程编程更低。

进行程序设计必须使用计算机语言，而由于不同类型的语言各自具有不同的特点，因此在解决实际问题的时候，我们往往需要根据任务的不同需要选择合适的语言，编写出正确的程序，从而实现我们想要得到的结果。

## 1.3　C语言发展历程和特点

C语言源自 1967 年由 Martin Richards 为开发操作系统和编译器而提出的高级程序设计语言 BCPL。随后，Ken Thompson 在 BCPL 的基础上提出了功能更强大的 B 语言。1972 年，贝尔实验室的 Dennis Ritchie 在 BCPL 语言和 B 语言的基础上，进一步丰富了相关功能，提出了 C 语言。C 语言以编写操作系统而开始闻名。

C 语言到 20 世纪 70 年代末已经基本定型。1978 年，Kernighan 和 Ritchie 编著的 *The C Programming Language* 出版后，受到了极大的关注，并最终奠定了 C 语言在程序设计中的地位，也成为 C 语言的第一个标准（K&R C）。*The C Programming Language* 也成为历史上计算机科学领域最成功的专业书籍之一。

由于当年 C 语言还是一种与硬件相关的语言，不同硬件平台的使用者就提出了多种相似但却常常不能相互兼容的 C 语言版本。为了解决不兼容的问题，美国国家标准协会（American National Standards Institute，ANSI）制定了"一个无二义性的硬件无关的 C 语言标准"。1989 年，ANSI 公布了一个完整的 C 语言标准（ANSI C 或 C89），从而"标准 C"诞生。1990 年，国际标准化组织（International Standard Organization，ISO）将 C89 接受为 ISO 标准（ISO C）。1999 年，这个标准进一步被更新（C99）。之后，2011 年 ISO 和国际电工委员会（IEC）又发布了 C11 标准，相较于 C99 标准在代码规范、代码安全等方面做了一定程度的修正。

C 语言是一种用途广泛、使用灵活、功能强大的编程语言，既可以用于编写应用软件，还可以用于编写系统软件，因此自 C 语言问世以来其热度一直不减。C 语言自进入中国以来，学习和使用 C 语言作为编程语言的人越来越多，由于其面向过程编程的特点，在教学过程中非常易于培养学生的计算机编程思维，因此绝大多数理工科专业都开设了 C 语言与程序设计的相关课程。掌握 C 语言不但是计算机专业学生的基本功，更是大部分理工科专业甚至文科专业学生的一项重要技能。

C 语言长盛不衰数十年，与其以下几个特点有着密不可分的关系。

（1）C 语言简洁紧凑，使用灵活方便。程序书写形式自由，主要用小写字母表示，压缩了大量不必要的成分。若使用不同的语言实现同样的功能，C 语言编写的程序往往要比其他高级语言编写的程序更加精悍短小，因此输入程序的工作量更小。同时，它把高级语言的基本结构和语句与低级语言的实用性结合起来，可以如同汇编语言一样对位、字节和地址进行操作，而这三者是计算机最基本的工作单元，因此提高了程序员对于程序的控制，使用更加灵活。

（2）C 语言运算符丰富。C 语言的运算符包含的范围非常广泛，涉及赋值、关系、算术、逻辑等运算符，使 C 的运算类型极其丰富，表达式类型多样化。灵活使用各种运算符可以实现在其他高级语言中难以实现的运算。

（3）C 语言数据类型丰富。最初的 C 语言的数据类型包括整型、浮点型、字符型、指针类型、结构体类型、共同体类型等。之后，C 语言标准不断更新，还增加了超长整型（long long）、布尔类型（_Bool 或 bool）等多种类型。值得一提的是，C 语言引入了指针类型概念，而指针操作是各种复杂的数据结构（链表、图、树等）得以实现的基础，使 C 语言的功能更加强大。

（4）C 语言结构化特点明显。作为最著名的面向过程编程语言之一，C 语言编写的程序一般是通过结构化的控制语句（if 语句、switch 语句、while 语句、do-while 语句、for 语句）以及各种函数来实现各种功能的。函数作为 C 语言程序的模块单位，有利于实现程序的模块化。结构化和模块化的特点使 C 语言程序的可读性和可维护性得到了提高。

（5）C 语言支持直接访问物理地址，同时可以直接对硬件进行操作。C 语言作为高级语言中的底层语言，能够实现汇编语言的大部分功能。因此 C 语言既具有高级语言的特性，又能轻易实现低级语言的种种功能。C 语言的这种双重性使得 C 语言应用范围非常广泛，不仅可以用于编写系统软件，还能编写在诸如单片机等非计算机的硬件上运行的程序。C 语言既是一种成功的系统编程语言，又是一种通用的程序设计语言。

（6）C 语言适用范围大、可移植性好。C 语言的编译系统具有轻量化的特点，因此能够轻松移植到不同的系统上，而且 C 语言编译系统在新环境运行时无须进行过多特殊设置和修改就能直接实现标准库中的绝大部分函数，因此在几乎所有的计算机系统上都能运行和使用 C 语言。因此，C 语言的突出优点就是适合于多种操作系统，如 DOS、UNIX，也适用于多种机型，可移植性非常强大。

（7）C 语言程序执行效率高。C 语言在诞生之初就是专门用于编写系统软件的，由于 C 语言在功能、实现方式等方面非常贴近汇编语言，因此用 C 语言编写的程序一般只比汇编程序生成的目标代码效率低 10% ~ 20%，其运行效率高于其他高级语言。

尽管如此，C 语言还是具有一些难以规避的缺陷。由于 C 语言语法限制不算严格，程序设计的自由度较大，因此 C 语言程序一般不会自动进行系统检查（这是很多其他高级语言具备的特性）。如 C 语言缺乏变量取值范围检查，诸如数组下标越界等问题需要程序编写者自身检查以保证程序运行正确。一般而言，对于不熟练的程序员或者初学者，使用 C 语言编写一段正确的程序要难于使用其他高级语言。另外，C 语言缺乏面向对象编程的功能，导致 C 语言程序在复用性等方面具有一定的缺陷。

## 1.4　简单的 C 语言程序

为了使用 C 语言编写程序，必须深入了解和学习 C 语言，灵活熟练运用 C 语言的各种特性。本节内容将从几个简单的 C 语言程序入手，介绍如何使用 C 语言编写程序。

## 1.4.1　"Hello World"

"Hello World"的中文意思是"你好，世界"。在 C 语言最负盛名的教科书 *The C Programming Language* 中，作者使用"Hello World"作为第一个演示程序，非常著名。因此后来的程序员在学习编程或进行设备调试时延续了这一习惯。据说，"Hello World"代表了程序员对未来计算机科学发展的一种寄托——将来有一天，人工智能通过自己思考，对人类生活的世界说出"Hello, world"，而非像我们现在的世界一样，依靠人类编写程序让机器说出这句话。还有一种可能的解释是，我们目前生活的世界是虚拟世界，但程序员通过编写程序发现了隐藏在代码背后真实的世界，因此通过"Hello World"向真实的世界打招呼。

我们来看看例 1–1 这段最简单的 C 语言程序应该如何编写：

```
//Example1_1
#include <stdio.h>              // 编译预处理指令

int main() {                    // 定义主函数、主函数开始标志
    printf ("Hello World!\n");  // 输出指定的一行信息后换行
    return 0;                   // 主函数执行完毕后返回整数 0
}                               // 主函数结束标志

运行结果：
Hello World!
```

接下来我们来分析上述这段程序。"int main ()"定义了一个名为 main、返回值为 int（整型）的函数。在 C 语言中，每个完整的程序都必须具有一个 main 函数作为程序运行的入口，每个函数的函数体部分必须用花括号 {} 括起来作为函数开始和结束的标志。

在 C 语言中，每个函数在运行结束时都会生成一个函数值作为函数的运行结果，这个运行结果一般被称为函数的返回值。函数的返回值将返回到调用函数处。"return 0;"语句的作用是将 0 作为 main 函数运行结束的函数值进行返回。

在上述程序的 main 函数体内部有两条语句，其中"return 0;"的作用是返回函数值，不再赘述；"printf("Hello World!\n");"是一条输出（屏幕打印）语句，其中printf 是 C 语言编译系统提供的函数库中的输出函数（可以理解为 C 语言"自带"

的函数）。在 printf 函数中，双引号中是一个字符串"Hello World!"，代表了要输出的内容是一行指定的文字；待输出的字符串末尾"\n"是转义字符，转义字符是一类特殊的字符，每个转义字符都具有特殊的功能，"\n"的作用是换行，即在输出"Hello World!"后，屏幕上的光标将自动移动到下一行的开头（有关字符串和转义字符的详细内容见后续章节）。此外，程序中每条语句的末尾都必须有一个分号，作为一条语句结束的标志。

在使用 C 语言的函数库提供的输入输出函数或其他函数时，编译系统会要求程序提供有关这些函数的信息，而这些信息都存储在一个个不同的头文件中，我们需要引入这些头文件来为编译系统提供这些函数运行所需的信息。上述程序的第一行"#include <stdio.h>"就引入一个名为 stdio.h 的头文件，来为编译系统提供有关 printf 函数的信息。stdio 是 standard input & output（标准输入输出）的缩写，文件后缀 .h 代表的是头文件（header file），之所以被称为头文件，是因为这些文件往往需要在程序的开头处就被引入。输入输出函数的相关信息（包括声明、定义、返回值等信息）已经事先写入 stdio.h 头文件中，因此如果没有"#include <stdio.h>"这一条引入命令，printf 函数便不能够正确识别。

下面介绍几个常用的头文件以及这些头文件中常用的函数。

1. stdio.h

凡使用以下的输入输出函数时应使用 #include <stdio.h> 把 stdio.h 头文件引入源程序中：

printf，scanf，putchar，puts，getchar，gets，fopen，fclose，fprintf，fscanf，fputs，fgets 等

2. math.h

凡使用以下与数学运算相关的函数时应使用 #include <math.h> 把 math.h 头文件引入源程序中：

sin，cos，tan，exp，sqrt，pow，rand，abs 等

3. string.h

凡使用以下与字符串相关的函数时应使用 #include <string.h> 把 string.h 头文件引入源程序中：

strlen，strcpy，strcat，strcmp，strlwr，strupr 等

4. stdlib.h

凡使用以下函数时应使用 #include <stdlib.h> 把 stdlib.h 头文件引入源程序中：

malloc，free，atoi，itoa，atof，atol 等

有关上述库函数的功能、调用参数、返回值等信息详见本书的后续章节。

除了上述内容之外，我们也不难注意到，在程序的右侧还有一些额外的信息，这些在双斜杠"//"之后的内容被称为程序的注释。注释的作用是对程序的有关部分进行必要的说明，方便自己和其他阅读该段程序的人理解程序的功能和目的。可以使用英语或中文进行注释。在对源代码进行编译时，注释处将不产生任何有效代码，意味着注释将对程序的运行不产生任何实质性作用。因此，注释服务的对象只是人，而不是计算机。

在 C 语言的语法中，实质上允许以下两种注释方式。

若注释内容较短（通常指一行以内的注释），则使用双斜杠"//"标记注释的开头。这种注释可以出现在一行语句的右侧，也可以独占一行。这种注释方式的范围从双斜杠"//"开始，到该行末尾结束，意味着这种注释方式所注释的内容不能换行。如果需要注释的内容过多，一行内无法全部写下，则可以使用多个单行注释，在下一行重新使用双斜杠"//"标注注释。

若注释内容较长（一般指块状、多条相关信息的注释），则可以使用以"/*"开始、以"*/"结束的注释方式。这种注释方式的行数不限、内容长度不限，既可以单独占一行（该行末尾处需要添加"*/"作为结束标志），也可以占据多行。系统对这种注释进行编译的时候，若发现注释开始符"/*"，会在随后的程序中自动寻找注释终止符"*/"，并将开始符和终止符之间的内容作为程序的注释来处理。若系统没有找到注释终止符"*/"，则自动将注释开始符"/*"之后到程序末尾的全部内容都作为注释处理，往往会导致代码错误，因此使用这种注释方式时，要格外注意不要忘记添加注释终止符"*/"。

### 1.4.2　读入两个整数并返回这两数之和

```
//Example1_2
#include <stdio.h>
int main () {
    int a, b; // 定义两个变量
```

```
    // 输出信息提示用户输入两个整数 ( 以 5 和 6 为例 )
    printf("Please enter two numbers:\n");
    // 读入用户输入的两个整数并分别赋值给 a 和 b
    scanf("%d %d", &a, &b);
    // 将 a, b 的和赋值给一个变量 sum
    int sum = a + b;
    // 将计算得到的 sum 值输出到屏幕
    printf("The sum is %d", sum);
    return 0;
}
```

运行结果 :
The sum is 11

　　我们来分析一下例 1-2 这段程序 :

　　该程序的作用是求用户输入的两个整数之和。"int a, b;"是定义部分，定义了 a 和 b 两个 int（整型）变量，用于记录用户输入的两个数字；"printf("Please enter two numbers:\n");"是 printf 输出函数，输出的内容是 "Please enter two numbers:"，这个输出函数的目的主要是提示用户输入两个整数。

　　程序中我们遇到了一个新函数：scanf 函数。scanf 函数是标准化输入函数，其作用是"扫描"用户在标准化输入设备（通常是键盘）中输入的内容，并按照格式要求把输入的数据赋值给相应的变量。scanf 函数后面的圆括号中包括两部分的内容：①双引号中的 "%d %d"，其作用是指定用户输入的数据按照何种格式输入，"%d"是格式标识符，其含义是"以十进制整数的形式"。因此第一部分总体的作用是读取用户从标准化输入设备中输入的两个十进制整数。②双引号外、逗号右侧的 "&a, &b"，这一部分的作用是告诉系统将用户输入的数据储存到什么位置，即将用户输入的值赋给哪个或哪些变量，在上面这段程序中指定的是整型变量 a 和 b。同时我们注意到在变量 a 和 b 之前有一个符号 &，& 在 C 语言中是取址符。&a、&b 的含义分别是获取变量 a 和变量 b 的内存地址。因此第二部分总体的作用是将用户输入的两个整数放到变量 a 和变量 b 对应的地址中以完成赋值操作。

　　程序中的 "int sum = a + b;"定义了一个新的整型变量 sum，同时将用户输入的两个已经分别赋给 a 和 b 的值的相加求和赋值给 sum 变量，例如在上面这段程序中若用户输入的是 5 和 6，则这段语句会将 sum 的值初始化为 11。

程序中的 "printf("The sum is %d",sum);" 与上一段代码有相似之处而又存在着差异：在这个 printf 函数中有两个部分，第一部分是与上一段代码类似的 "The sum is %d"，这是输出格式字符串，作用是输出用户希望输出的字符和格式，其中 "The sum is" 是用户指定的字符串、内容不变原样输出，而 %d 是十进制整数格式标识符，作用是告知程序要在指定的位置（is 的后面）输出一个整数，而这个整数恰恰是第二部分中之前定义并已赋值的 sum 变量。在执行 printf 函数时，系统会自动将 sum 变量的值作为一个十进制整数替换掉 "The sum is %d" 中的格式标识符 "%d"，目前 sum 的值是 11，因此在最后的输出中 11 将作为十进制整数值取代 %d 原本的位置，最终程序的输出结果是 "The sum is 11"。如图 1–2 所示。

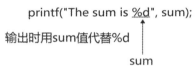

图 1–2　例 1–2 中 printf 函数的工作原理

除了 "%d" 之外，C 语言还为我们提供了很多其他的格式标识符，以便于我们在输入输出时控制内容的格式。灵活使用标识符能为我们的程序提供很大的帮助，例如在 printf 函数中，若我们要输出指定格式的其他变量，就可以使用不同的格式标识符来指定想要输出的变量的类型和其在输出的字符串中的位置。下面介绍几个常见的格式标识符。

%d 或 %i：十进制整型数据。

%ld：长整型数据，长整型数据相较于整型数据的数值范围更大。

%c：字符数据。

%s：字符串数据。

%f：浮点数数据（可以理解为包含小数点的非整数数据），包括单精度和双精度，以小数形式输入或输出。不指定字段宽度，由系统自动指定，整数部分全部保留，小数部分保留 6 位，超过 6 位的部分将自动四舍五入。

%. mf：小数点后保留 m 位的浮点数数据，如 %.2f 的含义是一个保留小数点后两位的浮点数数据，注意 m 前面必须添加一个小数点。

### 1.4.3　调用一个函数 getMin 返回两数中的较小者

```
//Example1_3
#include <stdio.h>
//getMin 函数部分
int getMin (int num1, int num2) {
    if(num1 < num2) {
        return num1;
    } else {
        return num2;
    }
}
// 主函数部分
int main() {
    int a, b;
    printf("Please enter two numbers: ");
    scanf("%d %d", &a, &b); // 输入 5 和 6
    int min = getMin(a, b);
    printf("The smaller one is %d", min);
    return 0;
}
```

运行结果：
The smaller one is 5

我们来分析一下例 1-3 这段程序：

本程序中包括两个函数：① main 主函数。② main 函数中调用的 getMin 函数。

getMin 函数的作用是比较两个整数 num1、num2，将两者中较小的数作为函数的运行结果返回。上述程序先进行 getMin 函数的定义，告知编译系统该函数的参数、返回值、实现方式等有关信息，"int getMin(int num1, int num2)" 表明该函数需要两个整数 num1、num2 作为该函数的参数，同时该函数的返回值是一个整数类型；之后的花括号中的内容是 getMin 函数的具体实现方法：首先是比较两个数的大小，这一操作主要是通过运算符小于号 "<" 判断以及 if-else 语句完成的，若 "num1<num2" 成立，则程序自动跳转到 if 子句对应的花括号中并执行其中的内容,否则程序将跳转到else子句对应的花括号并执行其中的内容。然后根据判断结果，程序将运行相应的 return 子句将这两个数中较小的那一个数返回（if-else 语句保证了两个 return 语句不会同时执行），返回值将被返回到调用 getMin 函数处。

main 函数体内的前三行与上一个例子相似，都是通过 scanf 函数读取用户输入的两个十进制整数并将相应的值赋给变量 a 和变量 b；main 函数的第 4 行对 getMin 函数进行了调用，将变量 a 和变量 b 的值作为函数的实际参数传入 getMin 函数中的形式参数 num1 和 num2，然后执行 getMin 函数的函数体，并将 getMin 函数的返回值带回到赋值号"="的右侧，将返回值赋给变量 min。main 函数第 5 行用于输出程序运行结果，在执行 printf 函数时，对于双引号中的格式化输出字符串"The smaller one is %d"是这样处理的：将"The smaller one is"原样输出，而 %d 由变量 min 的值替代，使得最终的输出结果为"The smaller one is 5"。

注意到我们定义的 getMin 函数和 main 函数都有 return 语句，但两者的作用大不相同。虽然这两个函数的返回值都是整型，从语法的角度来讲都需要用 return 语句返回一个函数值，但按照编程习惯和经验，main 函数的返回值一般为 0，且这个返回值很少被实际使用，其意义更多的是作为 main 函数正确运行完毕的标志；而 getMin 函数的返回值是具有实际意义的，该函数需要将两个数中较小的一个返回，且返回的值将会参与到程序之后的运算和操作之中。因此，对于初学者而言，不要想当然地以为在进行比较和判断之后 getMin 函数会自动将较小的那个数返回，也不要不加变通地在所有函数的末尾都添加"return 0;"。

这段程序涉及了用户自定义函数、函数调用和返回值、函数的形式参数、实际参数等对于初学者而言不太熟悉的概念，可以先不予深究，有关这些概念的细节将在本书之后的其他章节进行深入介绍。

### 1.4.4 C 语言程序的基本结构

通过上面三个简单的 C 语言程序的分析，我们可以总结归纳出 C 语言源程序的基本结构。

1. 预处理指令

C 语言的编译系统对源程序进行编译之前，需要通过预编译器对源程序文件中的一些预编译指令进行预处理。预处理的过程主要是扫描源代码，对其中的预编译指令进行相应的替换。替换之后，编译器再对源代码进行编译。虽然目前绝大多数编译器都包含了预处理程序，但通常认为它们是独立于编译器的。

预处理指令是以 # 开头的代码行。# 必须是该行除了任何空白字符外的第一个字符。# 后是指令关键字，在关键字和 # 之间允许存在任意个数的空白字符。整行语句构成了一条预处理指令，该指令将在编译器进行编译之前对源代码做某些转换。下面是部分预处理指令：

#　空指令，无任何效果

#include 引入一个头文件（常用）

#define 定义宏（常用）

#undef 取消已定义的宏

#if 如果给定条件为真，则编译该行之后代码

#else 用于 #if 之后，当前面的 #if 不为真时，则编译该行之后代码

#ifdef 如果某个宏已经定义，则编译该行之后代码

#ifndef 如果某个宏没有定义，则编译该行之后代码

#elif 如果先前 #if 给定条件为假而当前条件为真，则编译该行之后代码

#endif 结束一个 #if……#else 条件编译块

#error 停止编译并显示错误信息

在常用的预处理指令中，#include 的作用是在指令处展开被引入的头文件。在程序中引入头文件有两种格式：

#include <stdio.h>

#include "stdio.h"

第一种方法是用尖括号"< >"把头文件括起来，这种格式告诉预处理程序在编译器自带的头文件中搜索被引入的头文件。

第二种方法是用双引号把头文件括起来。这种格式告诉预处理程序在当前被编译的应用程序的源代码文件中搜索被包含的头文件，如果找不到，再搜索编译器自带的头文件。

之所以存在两种不同的包含格式，是因为编译器是安装在公共子目录下的，而被编译的应用程序是在它们自己的私有子目录下的。一个应用程序既包含编译器提供的公共头文件，也包含自定义的私有头文件。采用两种不同的引入格式使得编译器能够在多个头文件中区别出一组公共的头文件。

#define 的作用是定义宏，宏是 C 语言在预处理阶段的一种文本替换工具，一般使用 #define 将指定文本替换为想要的内容，使代码可读性提高。在程序中定义宏同样有两种方式：

#define ＜宏名＞＜字符串＞，如 #define　PI　3.1415926

#define ＜宏名＞(＜参数表＞)＜宏体＞，如 #define　A(x,y)　x+y

第一种方法是简单的宏替换，一个标识符被宏定义后，该标识符便是一个宏名。这时，在源程序中所有出现的宏名都会在该程序被编译前被定义的字符串所替换，如"#define PI 3.1415926"就会将源程序中所有出现 PI 的位置用 3.1415926 替代，这样的操作被称为宏替换。

第二种方法是宏函数替换，宏名之后带括号的宏一般被称为宏函数，其用法和普通函数类似，但在预处理阶段宏函数会被展开，如"#define A(x,y) x+y"定义了一个宏函数 A(x,y)，其返回值是 x+y，宏函数可以如同普通函数一样在程序运行的过程中被调用。

无论是简单的宏替换还是宏函数替换，都必须进行替换后，C 语言编译系统才会对源程序的其他部分进行编译处理。

2. 全局变量、局部变量

在函数内部定义的变量被称为局部变量，其作用范围局限于函数内部。而在函数外定义的变量被称为全局变量，其从定义处开始到整个源代码结束的范围内有效。在某个函数中，对全局变量的值的修改结果会得到保留，而对局部变量的值的修改将在函数调用结束后清除。

3. 函数

C 语言的一大特点是通过多个函数的定义与调用，以达到模块化编程的效果。因此在 C 语言的源程序中，函数是最主要的组成部分。C 语言程序的全部功能几乎都是由各个函数分别实现的，函数是 C 语言程序的基本单位，在设计良好的 C 语言程序中，每个函数都用来实现其各自独特的功能。可以说，编写 C 语言程序的本质是在编写一系列函数。

在程序中被调用的函数，既可以是通过引入头文件导入系统提供的库函数（如 scanf 函数和 printf 函数），也可以是程序员按照自己的需求和目的实现的函数（如 1.4.3 小节中的 getMin 函数），甚至可以使用一些第三方库封装好的函数。这些函数的参数、返回值、功能都不尽相同，灵活使用函数能使程序编写及运行更加顺畅。

对于用户自定义函数而言，一个函数应当包括两部分。

1）函数首部，用于提供该函数的基本信息

函数首部，一般指函数的第一行，包括函数返回值的类型、函数名、函数参数类型、函数参数（形式参数）名等信息。例如 1.4.3 小节中的 getMin 函数，其首部如图 1-3 所示。

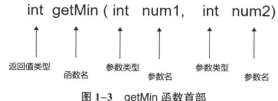

图 1-3　getMin 函数首部

函数首部的组成规则为：首先声明函数的返回值类型，然后声明函数名（注意函数名不能以数字开头，不能与 C 语言的关键字重名，且应当尽量选取能表达函数功能的词语），函数名后必须有一对圆括号，括号内填写有关函数参数的相关信息，包括参数的类型以及在该函数内使用的形式参数名。一个函数如果有两个及以上的参数，参数与参数之间必须用逗号隔开；如果一个函数不调用任何参数（如 main 函数），可以使用空括号，或在括号中填写 void。

2）函数体，用于提供该函数的实现方式与实现逻辑

函数体，指函数首部之后的花括号 {} 中的内容。一个函数的函数体一般包括两个部分：一是定义部分，主要包括在该函数内部需要用到的局部变量的定义；二是执行部分，由若干条语句组成，用于指定该函数功能的实现方式和实现逻辑。

在函数体内部，每个数据的定义、运算以及每条语句必须以英文输入法的分号 ";" 为结束，如：

int a, b;

printf("Please enter two numbers: ");

的末尾都有一个分号。分号是 C 语言以及其他高级语言程序语句的重要组成部分，分号的作用是告知编译系统某条语句的内容已经全部执行完毕，可以顺序执行下一条语句。

在所有的 C 语言程序中，不论 main 函数处于整个程序中的什么位置，程序总是从 main 函数开始执行。因此，main 函数可以视作程序的"入口"。main 函数可以放在程序的开头、末尾，或者放置于某些函数之前、之后，取决于不同人的编程习惯与编程经验。

### 1.4.5　常见错误分析

C 语言的一大特点是其程序设计的自由度较大，使用较为灵活，C 语言编译程序对语法正确性的检查也不如其他高级语言严格，因此对于初学者而言，往往容

易犯一些常见的错误，需要初学者不断积累经验，提高程序设计和调试程序的水平和能力。

下面是初学者在学习和使用C语言时容易犯的一些错误，提前了解可以在将来尽量避免。

1. 错用中文输入法

例如：

```
int main () {
    int x = 3；
    printf（ "%d"， x);
    return 0;
}
```

上述程序在编译时会产生编译错误，因为C语言中要求所有符号都用英文输入法进行输入。首先，程序中"int x = 3"之后的分号应是英文输入法中的（;）而非中文输入法中的分号（；）。其次，printf函数中的双引号应用英文输入法（"%d"）而非中文输入（"%d"）。最后，逗号也是常见的错误，例如printf函数中的逗号应为（,）而非（，）。这些错误十分隐蔽、难以识别，尤其在大型程序中更甚。因此，只能在程序编写时多加注意。

2. 没有声明变量类型

例如：

```
int main () {
    x = 3;
    y = 4;
    printf("%d", x + y);
    return 0;
}
```

上述程序在编译时会产生编译错误，因为C语言要求对程序中任何一个定义的变量都必须声明其类型，而上述程序没有指定变量x，y的类型就对其进行了赋值等操作和运算。应在x，y的使用之前添加"int x, y;"。

3. 语句的末尾没有添加分号

C语言规定每条语句的末尾必须添加一个分号，以标志该条语句结束，因此分号是 C 语言不可或缺的一部分。部分初学者在刚刚接触 C 语言时往往会漏掉分号，例如：

　　a = 5

　　b = 6;

在编译程序对上述代码进行编译的时候，在 "a=5" 这条语句的末尾没有发现分号，因此会向下继续寻找，直到找到一个分号为止，因此在上述程序中，"b=6" 也成为上一行语句的一部分，这就出现了语法错误。

　　4. 把预处理指令当成了 C 语言语句，在行末添加分号

　　例如：

#include <stdio.h>;

C 语言中，各类预处理指令（如常用的 #include、#define 等）不是 C 语言语句，这些预处理指令不能被直接编译，而是需要经过预处理系统对其进行预处理转换为源代码后，方能被编译系统识别和编译为 C 语言程序，因此在预处理指令的末尾不应该添加分号。

　　5. 在不该添加分号的地方添加了分号

　　例如：

if(num1 < num2);

{

　　return num1;

}

这段代码的本意是，若 num1 小于 num2 则返回 num1 的值。但是，由于 if 语句的末尾添加了分号，则 if 语句到分号为止就已经结束，即使 num1 小于 num2 也只会执行一条空语句，而花括号中的 "return num1" 变成了一条与 if 语句完全平行的语句，因此在这段代码中，无论 num1 是否小于 num2，都会把 num1 作为返回值返回，往往会导致程序产生错误的运行结果。

　　6. 括号失配

　　当一条语句连续使用多个括号时，容易出现括号失配的错误，例如：

printf("The smaller one is %d", getMin (a, b);

在代码的右端就遗漏了一层圆括号。

7. 标识名混淆大小写

在 C 语言中,标识名有大小写区分。定义标识名（如变量名、函数名等）之后,若要使用这些标识名,必须与定义时的标识名大小写完全一致,否则会产生编译错误,例如:

```
int main () {
    int x = 3;
    int y = 4;
    printf("%d", X + Y);
    return 0;
}
```

在上述代码中,编译程序会将 x 和 X、y 和 Y 作为两个不同的变量进行处理,因此会认为变量 X 和变量 Y 没有定义,从而产生编译错误。

8. 输入输出数据的类型与指定的类型不符

例如:

```
int main () {
    int x = 3;
    float y = 4.6;
    printf("%f %d", x, y);
    return 0;
}
```

上述这段代码编译时虽然不会产生编译错误,但运行结果与原意不符,其运行结果如下:

0.000000 1610612736

为什么会产生这种结果呢? 原因是数据类型与指定的输出格式不匹配,在这种情况下,系统不会按照隐式类型转换的方式进行处理,而是将数据在存储单元中的形式按照格式标识符的要求来进行输出。x 是整数,在内存中也按照整数的存储方式来存储,而在输出时却要求按照浮点数的格式输出,因此系统会把变量 x 在内存中存储的形式按照浮点数来解释;y 是浮点数,按照浮点数的方式进行存储,但要求按照整数的格式输出,因此系统会把变量 y 按照整数来解释,产生错误的运行结果。

9. 使用 scanf 函数时遗漏取址符 &

例如：

int a;

scanf("%d", a);

这是许多 C 语言初学者常见的疏忽，C 语言在使用 scanf 函数时要求指明向哪个变量的地址传递用户输入的值，若遗漏了取址符 &，则用户输入的值将无法放置到指定变量的地址中，进而无法完成赋值操作。

关于使用 scanf 函数对不同类型变量进行赋值操作还有其他的格式要求，这些格式要求将在本书之后的其他章节进行详细介绍。

随着对 C 语言学习的不断深入，部分初学者还会出现其他类型的常见错误，由于相关知识点仍未介绍，因此部分其他常见错误不在这里一一赘述，而会在相关知识点出现的章节进行介绍。

### 1.4.6　代码规范与代码风格

编写 C 语言程序时，除了是否能完成既定任务之外，决定代码质量的另一大要素是代码风格和规范。良好的代码风格犹如一篇让人赏心悦目的文章，有助于使程序结构清晰，提高代码的可读性，同时能降低出现低级错误的风险，有利于对程序的维护和修改，在团队合作编写程序以及工作交接时还能提高团队的工作效率。

良好的代码风格对标识符命名、空行与空格、换行、缩进、注释等方面提出了规范要求，以下是本书推荐的一些代码风格，供读者参考。

1. 标识符命名

1）变量

一个好的变量名应当具有什么价值？要能较清晰、准确地描述出该变量所代表的事物。因此，变量名的命名规则是以该变量在程序中的实际意义命名，实际意义应当由至少一个英文描述单词（一般是名词）组成，且采用驼峰式命名法，第一个单词小写，后续各单词的首字母大写，其他字母一律小写。例如：

char workerGender;

int studentAge;

float mathScore;

而要避免采用诸如 a、b、c、x1、x2 等含义不清、相似程度高的变量名。在小程序、小范围局部使用时（例如仅在一个函数中），像以下这样以英文单词首字母作为缩写的变量命名方式有时也被认可：

char wg;

int sa;

float ms;

其中 wg、sa、ms 分别为 workerGender、studentAge、mathScore 的缩写。

有些时候我们可能需要对一些表示计算结果的变量进行命名。类似 Total、Sum、Average、Max、Min 这样的表示计算结果的词语在修饰某个变量时，应当置于变量名的末尾作为变量的后缀，例如：

int revenueTotal, revenueAverage;

double expenseTotal, expenseAverage;

这种对于计算结果的命名方式具有非常优雅的对称性。一致性、对称性等特征可以极大地提高代码可读性，简化维护工作。

某些时候我们希望对一些过长的变量名进行缩写，而缩写变量名同样应当遵循一定的规则：在缩写变量名时，建议去掉所有非前置元音，即把一个单词里除了首字母以外的元音去掉，例如：

computer 变成 cmptr

screen 变成 scrn

apple 变成 appl

integer 变成 intgr

最重要的一点是，确保缩写后不改变变量原本的实际意义，且不与另一个变量的实际意义发生冲突。

2）函数

函数名应当能正确反映函数的作用，因此应由动词性英文单词或动宾型英文短语构成，且采用驼峰式命名方式，如：

int getStudentAge (int value);

void printMathScore (int ID);

在函数命名时，尽量使用有意义的名字，做到见其名知其意，这样可以降低函数命名发生冲突的可能性，提高代码的可读性与可维护性。

3）常量、宏

为了区分常量、宏和变量，所有常量、宏的命名一般要全部大写，且包含至少一个英文单词，例如：

const 修饰的常量，如：const int NUMBER = 100;

枚举量，如：enum Number{ONE,TWO,THREE};

所有用宏形式定义的名字，如：#define PI 3.1415926

2. 空行与空格

1）空行

为了使段落分明，提高代码的可读性，代码的各主要部分之间要用空行隔开。所谓文件的主要部分，包括序言性注释、#include 部分、#define 部分、类型声明和定义部分、实现部分、各个函数等，例如：

#include <stdio.h>

#include <stdlib.h>

（空行）

#define PI 3.1415926

（空行）

int numOfStudent;

double scoreTotal;

……

在一个函数体内部，完成不同功能的部分也可用空行隔开，例如：

```
void printInfo () {
    float x1 = 3.5;
    float y1 = 7.2;
    float x2 = 9.8;
    float y2 = 4.6;
    （空行，以上是定义部分）
    float z = 3.4 * (x1 + x2) * 4.8 / (4.2 – y1 / 3.6) – y2 * 2.1;
    （空行，以上是运算部分，以下是输出部分）
    printf("z = %f", z);
}
```

2）空格

空格的使用规范包括建议使用空格的场合以及避免使用空格的场合。

建议使用空格的场合包括：

（1）在使用赋值运算符、关系运算符、逻辑运算符、位运算符、算术运算符等二元操作符时，在其两边各加一个空格。例如：

nCount = 2; 而不是 nCount=2。

（2）三目运算符的"?"和":"前后均各加一个空格。

（3）函数的各参数间、数组初始化列表的各个初始值间，要用","和后续一个空格隔开，例如：

void getDate(int x, int y) 而不是 void getDate(int x,int y)。

（4）控制语句 (if、for、while、switch) 和之后的"("之间可加一个空格。

（5）控制语句 (if、for、while、switch) 之后的")"与"{"之间可加一个空格（同行的情况下）。

（6）控制语句 do 和之后的"{"之间加一个空格（同行的情况下）。

避免使用空格的场合包括：

（1）不在引用操作符前后使用空格，引用操作符指"."和"->"，以及"[]"。

（2）不在一元操作符和其操作对象之间使用空格，一元操作符包括"++""--""!""&""*"等。

（3）不在分号";"前加空格。

3. 换行

良好的代码规范一般要求一行只写一条语句，以提高代码的可读性。例如：

x = a + b;

y = c + d;

z = e + f;

而不要写成：

x = a + b; y = c + d; z = e + f;

4. 缩进

程序语句要按其逻辑层次结构进行水平缩进，一般以 4 个空格为一个缩进单位，使同一逻辑层次上的代码在列上对齐（例如同一个 if-else 语句、for 语句、switch 语句），以提高代码可读性。以下是一个示例：

```c
int array[] = {1, 2, 3, 4, 5, 6, 7, 8, 9, 10, 11};
for (int i = 0; i < 11; i++) {
    if (array[i] == 6) {
        printf("Medium");
    } else if (array[i] < 6) {
        if (array[i] == 3) {
            printf("Medium Small");
        } else if (array[i] < 3) {
            printf("Very Small");
        } else {
            printf("Small");
        }
    } else {
        if (array[i] == 9) {
            printf("Medium Large");
        } else if (array[i] < 9) {
            printf("Large");
        } else {
            printf("Very Large");
        }
    }
}
```

　　而不要写成：

```c
int array[] = {1, 2, 3, 4, 5, 6, 7, 8, 9, 10, 11};
for (int i = 0; i < 11; i++) {
if (array[i] == 6) {
printf("Medium");
} else if (array[i] < 6) {
if (array[i] == 3) {
printf("Medium Small");
} else if (array[i] < 3) {
printf("Very Small");
} else {
printf("Small");
}
} else {
if (array[i] == 9) {
printf("Medium Large");
} else if (array[i] < 9) {
printf("Large");
} else {
printf("Very Large");
}
}
}
```

5. 注释

程序中的注释是程序与将来的程序读者之间通信的重要元素。良好的注释能够帮助读者理解程序，为后续阶段进行测试和维护提供明确的指导。注释的基本原则是：①注释内容要清晰明了，含义准确，防止出现二义性。②边写代码边注释，修改代码的同时修改相应的注释，保证代码与注释的一致性。

需要进行注释的地方一般包括：

（1）变量的定义。通过注释，解释变量的意义、存取关系等，例如：

int numOfStudent; // 记录学生个数，被 getMathScore() 使用

（2）数据结构的声明。通过注释，解释数据结构的意义、用途等，例如：

// 定义结构体，存储学生信息

typedef struct Student {

　　char name[20];　　　　　// 学生姓名

　　double mathScore;　　　 // 数学成绩

};

（3）分支。通过注释，解释不同分支的意义，例如：

```
if (mathScore >= 90) {        // 成绩为 A 的情况
    printf("High Score!\n");
} else if (mathScore < 90 && mathScore >= 85) {        // 成绩为 B 的情况
    printf("Medium Score!\n");
}
```

（4）调用函数。通过注释，解释调用该函数所要完成的功能，例如：

void getMathScore (char Name[]); // 获取学生的数学成绩

（5）赋值。通过注释，说明赋值的意义，例如：

int hasStudent = 1; // 有学生记录

（6）程序块的结束处。通过注释，标识程序块的结束，例如：

while (numOfStudent <= 20) {

…

}// 学生姓名、成绩录入完毕

另外，对连续多行代码内容进行注释时，应当注意同一个函数或模块中的行末注释应尽量对齐以提高代码可读性，例如：

```
char gender;        // 学生性别
int age;            // 学生年龄
float score;        // 学生成绩
```

对于一段可读性高的程序而言，注释行的数量一般不少于程序行数量的 1/3，初学者在刚刚接触 C 语言编程的时候可以适当减少注释量，但是应当注意培养良好的注释习惯，为将来更深层次的编程学习打好基础。

## 1.5　运行 C 语言程序的步骤和方法

1.4.1 小节到 1.4.3 小节的三个示例是源程序，计算机不能直接识别和执行，必须经过特定的编译程序（又称编译器）将源程序翻译成计算机可读的二进制目标程序，然后将该目标程序与系统的函数库以及其他目标程序连接起来，形成计算机可执行的程序。

一个 C 语言程序从编写到运行一般需要经历以下几个步骤。

（1）输入和编辑源程序。在计算机上输入程序后，将程序以文件的形式存放在指定的文件夹中，文件名以 .c 作为后缀，如 "HelloWorld.c"。

（2）对源程序进行编译。先用 C 语言编译系统提供的预处理器对程序中的预处理指令进行预编译处理，如对于预处理指令 "#include <stdio.h>" 就是将 stdio.h 头文件的内容引入源程序中代替预处理指令行；对于预处理指令 "#define PI 3.1415926" 就是将源程序中所有出现字符串 "PI" 的地方用 3.1415926 替代。随后，再由编译器对源程序进行编译。

编译器主要对源程序进行以下操作：首先是检查源程序中是否存在语法错误（包括但不仅限于括号失配、分号遗漏、变量未定义等），如果存在语法错误则返回错误信息，提示程序员进行修正；程序员进行初步修正后，重新进行编译，若仍存在错误则继续返回错误信息……如此循环往复，直到源程序中不存在任何语法错误为止（请注意：不存在语法错误并不代表一定能得到我们想要的运行结果）。然后，编译器会将源程序翻译为二进制的目标程序，文件名以 .obj 作为后缀（Windows 系统中），如 "HelloWorld.obj"。

在编译系统对源程序进行编译时，C 语言编译器将自动执行预编译处理与编译处理两个步骤，无须用户分别对编译器发出预编译指令和编译指令。

（3）连接处理。经过编译处理产生的二进制目标程序（obj 文件）是程序编译时生成的中间代码文件，要将 obj 文件转换为计算机可直接执行的程序，还需要将 obj 文件和其他目标程序的 obj 文件（如果有的话）以及一些函数库文件（lib 文件）进行连接，从而形成一个整体，生成一个可执行程序，可执行程序的后缀名为 .exe，如 "HelloWorld.exe"。以上连接的处理是通过连接编辑程序完成的。

（4）运行可执行程序，并根据程序得到相应的运行结果。若结果符合预期，则程序设计的主要流程基本结束。若结果有误，则程序的算法逻辑可能没有正确地转换至代码之中，需要重新检查代码的逻辑。

为了编译、连接和运行我们编写的 C 语言程序，计算机必须安装相应的环境。目前常用的很多 C 语言编译系统都是集成开发环境（IDE）。集成开发环境是指用于提供程序开发环境的应用程序，把程序的编写、编译、连接、运行、调试等操作全部集中在同一个软件上进行，使用方便、直观易懂，非常适合初学者学习编写 C 语言程序。

常用的集成开发环境（Windows 或 MacOS，开源或付费）包括 Dev-C++、Visual C++、Visual Studio、Code::Blocks、Xcode 等。在 Windows 环境下，推荐一款开源免费的轻量级集成开发环境：Dev-C++。相较于大多数其他集成开发环境而言，一方面，它功能强大；另一方面，它的界面和功能简洁，运行程序方便。整体而言，其非常适合初学者学习和使用。

Dev-C++ 的界面（图 1-4）主要包括菜单栏、工具栏、代码编辑区以及编译调试区（运行结果区）等。

菜单栏提供了有关 Dev-C++ 软件自身的设置，以及对打开的文件进行的相关操作。其中在 "工具"（Tools）中可以对字体、字号、自动缩进、代码风格检查等方面进行相关设置。

工具栏包含一些代码编辑以及程序运行的工具，包括文件打开、代码文本内容搜索和替换、代码编译与程序运行等。

代码编辑区是用户输入源代码的区域，为了方便用户编写程序，编辑区的代码内容会自动着色以给予用户视觉差异，便于用户阅读代码、发现代码中的错误。

编译调试区（运行结果区）主要提供代码的编译和运行结果，如果代码中存在语法错误或编译错误，会在该区域提供相关信息。

使用 Dev-C++ 编写源代码的一般方式是：打开 Dev-C++ 后，首先在菜单栏

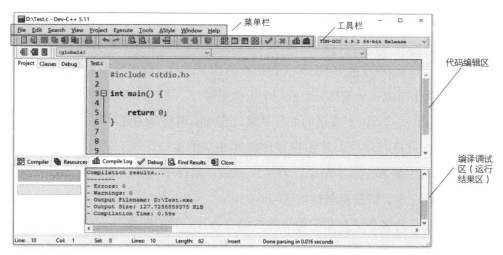

图1-4　Dev-C++ IDE 界面

的"文件"（File）中选择"新建"（New）->"源代码"（Source File），然后代码编辑区会出现新建的源代码文件，可以供用户输入相关程序的源代码；源代码编写完毕后，单击菜单栏的"运行"（Execute）->"编译运行"（Compile & Run）或使用快捷键F11进行。如果代码不存在语法和编译错误，系统会自动弹出控制台，根据代码逻辑展示运行结果；若代码存在语法或编译错误，则系统会在运行结果区展示程序的错误信息（图1-5），供用户参考以修改源代码，修改完毕后重复上述步骤，直到得到正确的运行结果。上述菜单栏的各项操作在工具栏中也有相应的快捷执行方式。

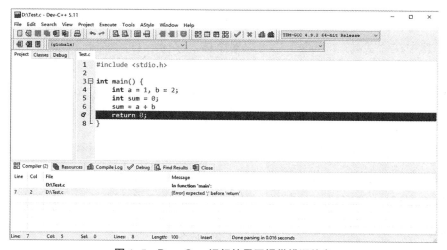

图1-5　Dev-C++ 运行结果区提供错误信息

# 实 验 案 例

实验案例 1-1：Hello World

【要求】

安装一个C语言的集成开发环境,在该集成开发环境中编写程序,运行时输出:
"Hello World!"

【解答】

```
//Exercise1_1
#include <stdio.h>

int main() {
    printf("Hello World! \n");
    return 0;
}
```
运行结果：
Hello World!

实验案例 1-2：打印图形

【要求】

编写程序，运行时打印以下图形：

```
*******
*     *
*     *
*     *
*******
```

【解答】

```
//Exercise1_2
#include <stdio.h>

int main() {
    printf("*******\n");
    printf("*     *\n");
    printf("*     *\n");
    printf("*     *\n");
    printf("*******\n");
```

```
    return 0;
}
```

运行结果：
```
*******
*     *
*     *
*     *
*******
```

实验案例 1-3：三角函数式

【要求】

编写程序，提示用户输入一个角度值，计算以下三角函数式的值：

$$\sin(x°) \times \cos(x°) - \cos(x°) / \tan(x°)$$

（提示：使用 math.h 头文件中的三角函数时需要将角度制转化为弧度制）

【解答】

```c
//Exercise1_3
#include <stdio.h>
#include <math.h>

int main(){
    float num, result;
    printf("Please enter: ");
    scanf("%f", &num);
    result =
    sin((double)num/180.0*3.14159)*cos((double)num/180.0*3.14159) –
    cos((double)num/180.0*3.14159)/tan((double)num/180.0*3.14159);
    printf("%f\n", result);
    return 0;
}
```

输入：
Please enter: 45

运行结果：
−0.207108

实验案例 1-4：GDP 增长率

【要求】

编写程序，提示用户分别输入第一年及第二年的国内生产总值（GDP），计算并输出第二年相较于第一年的 GDP 增长率（%）。

【解答】

```
//Exercise1_4
#include <stdio.h>

int main() {
    float gdp1, gdp2, gdpRate;
    printf("Please enter GDP (Year 1): ");
    scanf("%f", &gdp1);
    printf("Please enter GDP (Year 2): ");
    scanf("%f", &gdp2);
    gdpRate = (gdp2 − gdp1) / gdp1 * 100;
    printf("Rate: %f%%\n", gdpRate);
    return 0;
}
```

输入：
Please enter GDP (Year 1): 12.5
Please enter GDP (Year 2): 13.8

运行结果：
Rate: 10.400002%

# 第 2 章　类型、变量、运算符

## 2.1　比特和字节

### 2.1.1　比特

当下绝大多数的计算机系统都是基于二进制的，其最小的数据存储单位是比特（bit），1 比特对应二进制的两个状态，一般认为就是值 0 和 1。我们常说的 32 位系统、64 位系统的这个"位"，指的就是比特。多少位系统，表示的是系统一次让处理器处理的最大数据长度（比特数）。

### 2.1.2　字节

1 比特所能表示的信息太少，因此我们采用连续的 8 比特所组成的一个字节（byte）作为基本的数据存储单元。$2^8$ = 256 个状态，因此 1 字节可以表示 256 个不同的值。

在编写 C 语言程序时，不同的变量将在内存中占据不同的空间，空间的大小一般用字节数来描述。例如，字符占据 1 个字节，不同的整型数据占据 2/4/8 个字节，不同的浮点型数据占据 4/8/16 个字节。可以看出，这些字节数都是 2 的 n 次方。

现实世界中所需要存储及表示的数据量要远远超过字节这个量级。因此，为了方便表示，1024（$2^{10}$）个字节被称为 1 KB，1024 KB 被称为 1 MB，1024 MB 被称为 1 GB 等。依次往上还有 TB、PB、EB、ZB、YB 等数量单位。

## 2.2 数据类型

在 C 语言中，一般而言，程序所处理的数据是临时存放在内存当中的。不同大小的数据将占用不同大小的空间（字节数）。从一个极端情况而言，编译器可以根据每一个数据所需的空间大小来为其分配相应的字节数量（如 1 字节、2 字节、3 字节、4 字节、……），这虽然节省空间，但操作起来非常烦琐。另一个极端情况，便是不论是什么数据，都统一分配一个足够大的空间（例如统一分配 16 字节），但这对存储空间是一个极大的浪费（例如用 16 字节来存储下文介绍的单个字符，将浪费其中的 15 字节）。因此，一方面为了方便对数据的管理，另一方面为了节省存储空间，C 语言采取了一个折中的办法，即设置了几种常用的数据类型（如整型、浮点型、字符型等），不同类型的数据将对应不同大小的内存空间，而同一类型的数据所占据的空间是统一的。

### 2.2.1 sizeof

sizeof 是 C 语言的一个运算符，它可以应用在一个变量或者数据类型之上，返回该变量或者数据类型所占用的字节数。我们后续将会大量地用到它。从后文关于数据类型的介绍可知，某些类型的数据取值范围特别大。因此，sizeof 这个运算符返回值的变量类型是 size_t，一般来说在 64 位系统中是指 unsigned long long，而在 32 位系统中是指 unsigned long。

sizeof 的使用方式举例如下，该例子将返回并输出变量或数据类型所占的字节数。在 sizeof 数值输出时，将用后文介绍的 unsigned long long 类型（即 %llu）进行输出。

```
int main() {
    printf("%llu", sizeof(/* 此处替换为相应变量或数据类型 */));
    return 0;
}
```

### 2.2.2 整数类型

1. 整数的存储方式和区别

C 语言中，整数分为有符号（signed）和无符号（unsigned）两种。两者的基本思路都是采用二进制存储，例如，如果一个整数有效的比特部分是 10100，那么它

表示的数就应该是 $0 \times 2^0 + 0 \times 2^1 + 1 \times 2^2 + 0 \times 2^3 + 1 \times 2^4 = 20$。有关二进制的知识请读者自行学习，此处不做介绍。

　　无符号的整数，用来表示非负整数，一般来说就是直接使用二进制表示方法存储。对于有符号整数，也即是可以表示正负数，则一般是通过补码表示法存储的。补码表示法就是把首位用来标记正负，如果首位是 0，那么这个数就是个正数；如果首位是 1，那么这个数就是个负数。关于补码表示法，感兴趣的读者可通过计算机原理相关知识进一步了解。

　　后续介绍的整数类型都可以添加 signed 或者 unsigned 标记符来指定该整数是否有符号。若无明确指定，则默认是 signed 类型。

　　2. 整数的溢出

　　如果一种整数类型使用了 n 比特（注意不是字节；n 等于字节数乘以 8），那么其有符号类型的数据表示范围将会是 $[-2^{n-1}, 2^{n-1}-1]$，无符号类型的数据表示范围是 $[0, 2^n-1]$。如果所要存储的数据值超过了这个范围，就会发生溢出。

　　以 4 比特表示的有符号整数为例，其所能表示的最大值为 7，如果要存储 $6 + 7 = 13$ 的计算结果，我们发现 13 超过了上界 7，那么在数据存储时就会发生问题，结果自然也是错误的。

　　3. 不同的整数类型

　　C 语言提供了很多类型符来区分不同的整数，它们可以归结为表 2-1（方括号中的内容是可以省略的）。

表 2-1　不同的整数类型

| 类　　　型 | 占用字节数 |
| --- | --- |
| int（基本整型） | 2 或 4 |
| short [int]（短整型） | 2 |
| long [int]（长整型） | 4 |
| long long [int]（超长整型，在 C99 中引入） | 8 |

　　具体的字节数需要视具体情况而定，这与读者使用的系统位数和编译器有关。建议读者可以自己把这些类型名字代入之前给出的样例代码中，通过 sizeof 得到自己电脑上的运行结果以做验证。

同时，正如前文所述，它们都可以加上 unsigned 或 signed 进行修饰，不加的情况下默认使用 signed。此外，值得一提的是，unsigned 或者 signed 的修饰并不会改变类型所占的字节数。它改变的是相应类型的取值范围。

得到了它们的占用字节数后，就可以用前面介绍的规则分析相应的 signed 或 unsigned 类型的取值范围了。例如，如果读者发现自己的电脑上 sizeof(int) 的结果是 4，那么说明 int 这个类型使用了 4 个字节，亦即 $4 \times 8 = 32$ 比特，所以此时 int、signed int 类型的取值范围就是 $[-2^{32-1}, 2^{32-1}-1] = [-2147483648, 2147483647]$，unsigned int 类型的取值范围就是 $[0, 2^{32}-1] = [0, 4294967295]$。其他类型的取值范围读者可以自行推导。

4. limits.h 头文件

如果读者想知道不同整数类型的取值范围，可以直接借助头文件 limits.h，其中定义了很多常用的量，包括各种类型的最值，我们可以直接输出查看，如例 2-1 所示。

```
//Example2_1
#include <stdio.h>
#include <limits.h>

int main() {
    printf("%d\n", SHRT_MIN);    // 输出 short int 类型的最小值
    printf("%d\n", SHRT_MAX);    // 输出 short int 类型的最大值
    printf("%d\n", INT_MIN);     // 输出 int 类型的最小值
    printf("%d\n", INT_MAX);     // 输出 int 类型的最大值
    return 0;
}
```
```
运行结果：
-32768
32767
-2147483648
2147483647
```

该头文件还定义了其他的一些值，读者可自行探索。

## 2.2.3　字符类型

1. char 和 ASCII 码表

其实字节一开始主要是用来存储单个字符的。C 语言中有一个基本的数据类型

char，它占一个字节，可以存储一个字符。那么这个字符是怎么存储的呢？实际上计算机没法直接存储字符，所以计算机界采用了 ASCII 码（American Standard Code for Information Interchange）对每一个字符进行整数编码，从而将字符通过整数编码的二进制形式进行存储。

如图 2-1 所示，ASCII 码表一共包含了 128 个字符，编码与字符一一对应。在 C 语言中，字符是通过一对单引号来表示的。例如，小写英文字母 'a' 在这个表里面就对应着编码 97，所以如果一个 char 类型的变量值是 'a'，那么读者可以知道实际上它储存的值是 97。大写英文字母 'A' 对应着编码 65。所以我们也可以知道，大小写英文字母的 ASCII 码值相差 32。

| ASCII | Hex | Symbol | ASCII | Hex | Symbol | ASCII | Hex | Symbol | ASCII | Hex | Symbol |
|---|---|---|---|---|---|---|---|---|---|---|---|
| 0 | 0 | NUL | 16 | 10 | DLE | 32 | 20 | (space) | 48 | 30 | 0 |
| 1 | 1 | SOH | 17 | 11 | DC1 | 33 | 21 | ! | 49 | 31 | 1 |
| 2 | 2 | STX | 18 | 12 | DC2 | 34 | 22 | " | 50 | 32 | 2 |
| 3 | 3 | ETX | 19 | 13 | DC3 | 35 | 23 | # | 51 | 33 | 3 |
| 4 | 4 | EOT | 20 | 14 | DC4 | 36 | 24 | $ | 52 | 34 | 4 |
| 5 | 5 | ENQ | 21 | 15 | NAK | 37 | 25 | % | 53 | 35 | 5 |
| 6 | 6 | ACK | 22 | 16 | SYN | 38 | 26 | & | 54 | 36 | 6 |
| 7 | 7 | BEL | 23 | 17 | ETB | 39 | 27 | ' | 55 | 37 | 7 |
| 8 | 8 | BS | 24 | 18 | CAN | 40 | 28 | ( | 56 | 38 | 8 |
| 9 | 9 | TAB | 25 | 19 | EM | 41 | 29 | ) | 57 | 39 | 9 |
| 10 | A | LF | 26 | 1A | SUB | 42 | 2A | * | 58 | 3A | : |
| 11 | B | VT | 27 | 1B | ESC | 43 | 2B | + | 59 | 3B | ; |
| 12 | C | FF | 28 | 1C | FS | 44 | 2C | , | 60 | 3C | < |
| 13 | D | CR | 29 | 1D | GS | 45 | 2D | - | 61 | 3D | = |
| 14 | E | SO | 30 | 1E | RS | 46 | 2E | . | 62 | 3E | > |
| 15 | F | SI | 31 | 1F | US | 47 | 2F | / | 63 | 3F | ? |
| ASCII | Hex | Symbol | ASCII | Hex | Symbol | ASCII | Hex | Symbol | ASCII | Hex | Symbol |
| 64 | 40 | @ | 80 | 50 | P | 96 | 60 | ` | 112 | 70 | p |
| 65 | 41 | A | 81 | 51 | Q | 97 | 61 | a | 113 | 71 | q |
| 66 | 42 | B | 82 | 52 | R | 98 | 62 | b | 114 | 72 | r |
| 67 | 43 | C | 83 | 53 | S | 99 | 63 | c | 115 | 73 | s |
| 68 | 44 | D | 84 | 54 | T | 100 | 64 | d | 116 | 74 | t |
| 69 | 45 | E | 85 | 55 | U | 101 | 65 | e | 117 | 75 | u |
| 70 | 46 | F | 86 | 56 | V | 102 | 66 | f | 118 | 76 | v |
| 71 | 47 | G | 87 | 57 | W | 103 | 67 | g | 119 | 77 | w |
| 72 | 48 | H | 88 | 58 | X | 104 | 68 | h | 120 | 78 | x |
| 73 | 49 | I | 89 | 59 | Y | 105 | 69 | i | 121 | 79 | y |
| 74 | 4A | J | 90 | 5A | Z | 106 | 6A | j | 122 | 7A | z |
| 75 | 4B | K | 91 | 5B | [ | 107 | 6B | k | 123 | 7B | { |
| 76 | 4C | L | 92 | 5C | \ | 108 | 6C | l | 124 | 7C | | |
| 77 | 4D | M | 93 | 5D | ] | 109 | 6D | m | 125 | 7D | } |
| 78 | 4E | N | 94 | 5E | ^ | 110 | 6E | n | 126 | 7E | ~ |
| 79 | 4F | O | 95 | 5F | _ | 111 | 6F | o | 127 | 7F | |

图 2-1 ASCII 码表

除了普通的大小写英文字母、数字、标点符号等常见字符外，ASCII 中还有一些经常会用到的特殊字符（如换行符、制表符等）。这些特殊字符无法直接用键盘中所能键入的单个字符来直观表示。所以，在计算机语言当中，它们往往是通过反斜杠 '\'（转义字符）再与某个字符结合作为一个整体来进行表示。常见的特殊字符如表 2-2 所示，读者不妨尝试通过 printf 函数将其输出：

表 2-2 常见的特殊字符

| ASCII 码 | 字符 | 表示 |
| --- | --- | --- |
| 9 | 制表符 | '\t' |
| 10 | 换行符 | '\n' |
| 13 | 回车符 | '\r' |
| 34 | 双引号 | '\"' |
| 39 | 单引号 | '\'' |
| 92 | 反斜杠 | '\\' |

此外，值得注意的是，数字可以是它最直观的整数本身，也可以是一个字符。例如，int 类型的 7 所对应的值为 7；而 char 类型的字符 '7' 也有对应的整数值，即 ASCII 值 55。

2. 不同的编码方案

1）扩展 ASCII 码表

或许读者已经意识到，ASCII 码表只定义了 128 个字符，但 1 个字节可以表示 256 个不同的字符，所以实际上这个字节中有 1 个比特是没有利用到的。后来，一些国家决定使用闲置的 128 个编码空间来编码自己国家的语言，这就形成了扩展 ASCII 码表，一般来说它的编码范围达到了 0 ～ 255，且前 128 个编码和普通 ASCII 码表保持一致。

2）双字节编码方案

但是这样带来了一个问题，128 个字符的空间显然不足以放下所有国家语言的字符。并且，许多国家（例如中国）语言含有的字符数就已远超 128，即使扩展 ASCII 码表也完全不够用了。

所以此时就有人考虑，能不能使用多个字节进行编码呢？例如，如果使用两个字节来编码，虽然多使用了一倍的空间，但是可编码字符数从 $2^8 = 256$ 跃升到了 $2^{16} = 65536$，放下常用的汉字绰绰有余。实际上 GBK、GB2312 等编码方案就是遵循这个思路设计的。只不过为了兼容以前的普通 ASCII 码表（即使用这种编码方式打开以前用普通 ASCII 码表编码的文件也能正确解码），它们是从 128 号才开始扩充字节，即在后面再加一个字节；而 0 ～ 127 号保持不变，仍然使用一个字节存储。

3）Unicode

GBK 等编码方式虽然能解决特定语言的编码问题，但是却很少能够应对同一个文件里面有多种非英语语言（例如一个文件里面同时有中文、日文、韩文等）的情况，这是因为编码在设计时并没有考虑这个情况，而且要放下全世界所有语言的字符需要巨大的编码空间。在这样的一个背景下，Unicode（万国码）这个概念被提了出来，它的目标是容纳世界上的所有语言。万国码对不同语言字符应该所处的位置做了细致的划分。而如何具体实现从数字到字符所在位置的映射就需要不同的编码方案，目前比较流行的有 UTF-8、UTF-16 等。它们的大体思路也是增加使用字节，而且都可以做到兼容普通 ASCII 编码，读者可自行了解。

### 2.2.4　小数类型（浮点数类型）

#### 1. 小数的存储方式

前文已经阐述了计算机如何用 0 和 1 来存储整数，其实关键的思想只有一个，就是使用二进制。正如同十进制，二进制下也同样有小数的概念，小数点后第一位表示 $\frac{1}{2}$，第二位表示 $\frac{1}{2^2}$……以此类推，这就是计算机记录小数的基本原理。

要如此记录一个小数，最直接的思路可能就是分别记录这个数的整数部分和小数部分，但是这样就带来一个难题：如何确定整数位和小数位的长度？如果现在我们自己设计一个无符号小数类型，规定它和之前介绍过的 unsigned int 类型一样占 4 个字节，而这个小数的整数位长度和小数位长度都是固定的（例如整数部分是前两个字节，小数部分是后两个字节），那么就会出现表达的绝对值范围过小（整数范围的字节数为 2，那么可以表示的最大值只有 $2^{16}-1 = 65535$）或者精度过低（小数部分只有 2 字节，那么最高精度就是 $2^{-16} \approx 1.5 \times 10^{-5}$）的问题。不论怎么调整表达方式，因为占用的总字节数是有限的，所以总是会出现这两个问题中的一个。

但是在这种尝试中，我们也发现了问题的关键：之所以进退两难，在于我们把小数点的位置固定住了。能不能采用一种取巧的方式,让小数点的位置是可变(浮动)的呢？这种思路就引出了 C 语言中的小数：浮点数。

#### 2. 浮点数的存储形式

在一个浮点数中（以占用 4 个字节的 float 为例），一般首比特位代表符号位，0 代表正，1 代表负。随后一部分比特（一般是 8 比特）是指数部分，它标示着小数点的位置。然后剩下来的比特(一般是 23 比特)就用来存真正有意义的有效位数，这个一般被称作底数。这样总的比特数就是 1 + 8 + 23 = 32，正好让 float 占 4 个字节。接下来，举一个实际的例子，让读者更好地理解这种存储方式。

例如，现在我们想以 float 类型存储十进制下的小数 0.625，应该怎么做呢？

首先，我们确定符号位，这个很简单，因为 0.625 是正数，所以符号位就是 0，表示这是正数。

然后为了确定指数和底数，我们把 0.625 的二进制表示写出来：$0.625 = 1 \times \dfrac{1}{2} + 0 \times \dfrac{1}{2^2} + 1 \times \dfrac{1}{2^3}$，所以在二进制下，0.625 对应的数应该是 0.101。为了更有效地利用空间，我们让小数位移动，使得首位是 1，得到 1.01。之所以这么做，是因为这些前置的 0 都是不必要的，把它们全部省略，解码的时候再利用指数还原，就可以达到小数点位置可变的效果，解决了之前精度和表达范围无法兼顾的问题。那么现在，我们把它转换成了 1.01，所以后续解码的时候需要将 1.01 的小数位左移一位，才能还原为 0.101，这个信息需要被记录在指数区域。左移一位，相当于要乘以 $2^{-1}$，那么我们就约定这个指数表达的就是要把底数乘以 2 的几次方才能得到原始的数，因此指数部分应该填入 –1。

要表达 –1，读者可能会想，这个简单，直接用 8 位补码的形式表达。实际上从原理来看，使用补码确实是可行的，但是因为种种原因，C 语言底层对指数区域采用的是无符号整数的表示方式。为了表示负数，C 语言下指数区域存储的值是原来应当存储的值加上 127（这么规定是有原因的，但是本书不做介绍，读者可以自行了解）。所以现在我们要把指数区域设成 127 – 1 = 126。对应二进制就是 01111110，所以 0.625 的指数区域就是 01111110。

接下来，按理说，底数就要存储为 101 了。但是读者可能会发现，实际上首位的 1 是多余的，因为按规则，这个数的首位必须是 1。所以，其实我们不用把这个 1 写出来。C 语言也有这样的考虑，所以实际上底数存储的就是 01 了。因为底数部分要有 23 比特，所以后面全部补 0，得到底数部分是 01000000000000000000000。

综合一下，0.625 的 float 类型编码就会是 00111111001000000000000000000000，各个部分的关系如表 2-3 所示。

表 2-3　各个部分的意义和值

| | 首位（符号位） | 指数部分 | 底数部分 |
| --- | --- | --- | --- |
| 表达的意义 | 正 | 126 = 127 – 1 | （1）01 |
| 值 | 0 | 01111110 | 01000000000000000000000 |

解码的时候，按照刚刚的逻辑反推就可以得到 0.625 这个值。

在这里可能读者会意识到一个问题：在确定底数部分的值的时候，我们省略了首位的 1，但是如果这个数的二进制表示没有 1，亦即这个数是 0 的话我们应该怎么表示呢？C 语言当然考虑了这个问题，所以浮点数的 0 是特殊定义的，除首位之外的全部位都是 0，就表示浮点数的 0。虽然这样会占据原来按一般规则下那个数的表示编码，但是显然保留 0 适用面会更广。由于这个时候首位可以是 0 或 1，所以 C 语言的 float 类型的 0 有 +0 和 –0，分别对应浮点编码为 00000000000000000000000000000000 和 10000000000000000000000000000000。但是读者不必做区分，因为它们使用起来没有区别，运行时值也会被判断为完全相等。

3. 浮点数的精度截断

由于浮点数是基于二进制表示的，那么有的十进制有限小数在二进制下就会变成无限小数（例如十进制的 0.1），但是浮点数的底数部分长度又是有限的，所以不可避免地会发生精度丢失的问题。这就会导致一个让人很头疼的情况，就是可能有的时候明明赋值的两个数不是相等的，由于精度截断，程序会认为它们相等。如例 2-2 所示。

```
//Example2_2
#include <stdio.h>

int main() {
    float a = 2097152;
    float b = 2097152.1;

    // a == b 是判断 a 和 b 值是否相等，而 = 表示的是进行赋值
    if (a == b) {
        printf("a equals to b\n");
    } else {
        printf("a does not equal to b\n");
    }
    return 0;
}
```

运行结果：
a equals to b

a 赋值为 2097152，b 赋值为 2097152.1，但是两者比较却相等。读者可以自己验证一下，实际上这两个数在浮点记数法下的编码值是相同的。在这个例子里，变量的值本身不算很大，但是被截断的精度达到了 0.1，在很多时候这都是个不可

接受的误差。

由于表达机理本身的缺陷，这种错误是无法进行修正的。一般来说，实际编程时不会有很高的概率出现这种错误，或者这种错误对整体程序的影响比较小，但是如果确定这种精度截断会带来严重的问题，就要想办法解决了。常见的做法包括以下几种。

（1）尽量不使用小数类型。

这是最直接的解决方法。实际上很多问题本身是不需要用到小数的，如果程序设计合理可以全部使用整数代替，避免误差。如果能将需要用到小数的情境转化为使用整数即可解决，那么这无疑是最好的解决方案。

（2）优化程序逻辑，使得精度截断不会对最终结果造成太大影响。

例如，如果程序的核心逻辑依赖于判断两个浮点类型变量是否相等，并因此可能导致严重错误，那么这个时候就该考虑是否可以把这个判断通过其他方法来实现，从而规避精度截断对核心逻辑的影响。

（3）制定精度区间，将判断相等转为判断大小关系。

例如，对于上面的例子，可以视情况确定一个精度，如 0.2，只要两个浮点类型变量的差值落在 –0.2 ～ 0.2，就认为它们相等。但是这有时候不是个好办法，因为也许问题需要的精度不允许读者这么做。

总之，在使用浮点数的时候一定要考察一下精度截断带来的影响，看看会不会造成什么严重的后果。

4. 不同字节数的浮点数

如同 int、short、long 和 long long 的关系，不同的情境有不同的需求，所以 C 语言有不同字节数的整数类型。浮点数也是同样的，除了常用的 float 类型（单精度浮点数）之外还有 double 类型（双精度浮点数）和 long double 类型（长双精度浮点数）。它们的表达方式也是一样的，只是位数不同，所以有比 float 更大的表示范围和更高的表示精度，这些区别可以用表 2–4 总结。

表 2–4 不同字节数的浮点数

| 浮点数类型 | 占用字节数 | 符号位比特数 | 指数部分比特数 | 底数部分比特数 |
| --- | --- | --- | --- | --- |
| float | 4 | 1 | 8 | 23 |
| double | 8 | 1 | 11 | 52 |
| long double | 取决于编译器 | 1 | 取决于编译器 | 取决于编译器 |

由于浮点数运算的复杂性，一般 CPU（中央处理器）会对 float 类型的变量运算进行专门的优化，而 double 和 long double 可能并没有，所以一般来说 float 类型变量的运算速度会更快一点。所以如果程序对性能有要求，就要谨慎使用更高精度的浮点数类型，其可能会对运算时间和内存使用量产生影响。

### 2.2.5　逻辑值类型（布尔类型）

1. 布尔类型的意义

很多时候，我们写程序的应用场景需要进行二值的判断（是或否，对或错，真或假）。逻辑值类型就是这样的一种类型，它只有两个值：true（是、对、真）和 false（否、错、假），一般来说，我们把这样的数据类型称为布尔类型，这主要是为了纪念数学家 George Boole，他为逻辑值和逻辑演算的建立作出了巨大的贡献。

2. 布尔类型的存储方式

类似于 char 类型实际上存储的是一个整数，读者可能会立即想到布尔类型也可以就用整数来表示，如用 0 表示 false，非 0 的值表示 true。实际上一开始的 C 语言大致也是这么考虑的，在 C89 标准下 C 语言本身没有布尔类型的概念，编写程序时需要用整数类型表示逻辑值，0 代表 false，其他数代表 true。但是后来由于语义上的需求，从 C99 标准开始，C 语言有了内建的布尔类型，类型名为 _Bool。一个 _Bool 类型的变量占一个字节，也就是 8 比特。看到这里，有的读者可能会疑惑：布尔类型明明只有两种取值，为什么要用 8 比特呢？　1 比特不是更节省空间吗？实际上这涉及操作系统内存寻址的策略问题，换成 1 比特很可能效率更低。

那么看到一个布尔类型的变量占用一个字节，读者可能就已经意识到这个布尔类型实际上也是存储一个整数罢了。的确，_Bool 类型值为真（true）时实际存储的是 00000001，值为假（false）的时候存储的是 00000000。

3. stdbool.h 头文件

C99 标准在引入布尔类型 _Bool 后，也顺带引入一个与布尔类型有关的头文件，就是 stdbool.h，它的主要作用是定义了 bool、true 和 false。其中的一个考虑是为了兼容 C++（在 C++ 中原生的布尔类型名字就是 bool，用 true 表示值为真，false 表示值为假）。

实际上这个头文件一般只是一个套壳，所谓 bool 类型并不是一个新的类型，而是 _Bool 类型的一个别称。true 和 false 也不是两个新的事物，而只是对应整数为

1 和 0 的两个常量。一般来说，这个头文件实现类似于这样：

```
......
#define    bool     _Bool
#define    true     1
#define    false    0
......
```

即借助宏定义对这三个词直接进行了替换。

　　虽然这个头文件实际上没起什么根本性的作用，但是仍然建议在写代码的时候包含这个头文件并使用 bool、true、false 而不是 _Bool、1 和 0。因为这样语义上更清晰，而且与 C++ 风格更接近，以后进行代码复用可能会更加方便。

### 2.2.6 空类型（void 类型）

　　空类型是个特殊的"类型"，它之所以存在，是因为很多地方按标准语法需要填充一个类型符，但是实际上有的时候并不知道应该是什么类型或者找不到合适的填充类型，这个时候就可以写成 void，它被称作"空类型"。

　　关于这方面的知识，需要学习函数之后才能更好理解，此处不再展开。

### 2.2.7 不同类型数据的访问

　　前文提到，C 语言为不同类型的数据分配不同的内存空间（字节数量），那么 C 语言是如何确保对不同类型数据的正确访问的？首先，每一个数据在内存当中存放时都有一个起始地址（即第一个字节的地址）。其次，每一个数据对应了一种数据类型，根据类型便可知它所占用的字节数量。因此，通过起始地址及占用字节数，便能够完整正确地对每一种类型的数据进行访问。

## 2.3 变量

### 2.3.1 变量及其定义方式

　　变量和类型是两个不同的概念，类型是一个抽象的概念，它本身并不占用任何内存；而变量是一个具体的存在，它对应一个具体的值，占用一定的内存空间。

　　在 C 语言里，定义一个变量很简单，只需要指定数据类型，并提供要定义的变量名称即可。例如：

```
int a;
char x;
```

　　这样就定义了一个名字为 a 的 int 类型的变量和一个名字为 x 的 char 类型的变量。请注意，变量的定义也属于一条完整的语句，所以必须以分号结束。

　　当定义多个相同类型的变量时，可以把它们简写为一行，在数据类型之后，用逗号分隔一系列变量名即可，例如：

```
int a, b, c;
```

　　这样就定义了三个 int 类型的变量，名字分别是 a、b、c。

### 2.3.2　合法的变量名

　　C 语言里并不是什么字符串都可以作为一个变量名的。要作为一个变量名，需要字符串满足以下四个条件。

　　（1）整个字符串仅由大小写英文字母、下画线 '_' 或数字组成。

　　（2）第一个字符不能是数字。例如 _123、aaa 都是合法的，但是 3ss 是不合法的。

　　（3）不能与已定义过的变量名重合。

　　（4）不能和 C 语言关键词（保留字）重合。C 语言关键词就是内置的一些有意义并有专门用途的字词，如表 2-5 所示。

表 2-5　C 语言关键词

| auto | break | case | char | const |
|---|---|---|---|---|
| continue | default | do | double | else |
| enum | extern | float | for | goto |
| if | int | long | register | return |
| short | signed | sizeof | static | struct |
| switch | typedef | union | unsigned | void |
| volatile | while | _Bool<br>（C99） | _Complex<br>（C99） | _Imaginary<br>（C99） |

续表

| restrict<br>（C99） | inline<br>（C99） | _Alignas<br>（C11） | _Alignof<br>（C11） | _Atomic<br>（C11） |
|---|---|---|---|---|
| _Generic<br>（C11） | _Noreturn<br>（C11） | _Static_assert<br>（C11） | _Thread_local<br>（C11） | |

### 2.3.3　变量的初始化与访问

1. 变量的默认初始化

一个变量，实际上就是一个具体的值。但是在前面的介绍中，我们定义一个变量并没有指定它的值，这并不意味着它没有分配内存空间和值。一般来说，C 语言中普通的局部变量定义后若没有对它进行赋值，则它的值是随机的。不同的是，若变量定义的是全局或静态的，即便我们没有对它赋值，它也会获得默认值 0。对于数值型变量（如整型、浮点型），它的默认值就是 0；对于字符型变量，由于其存储的是 ASCII 码值，它的默认值也是 0，对应的字符便是 '\0'（NUL）（表 2-6）。

表 2-6　全局或静态变量不同数据类型的默认初始值

| 数 据 类 型 | 默认初始值 |
|---|---|
| 整型、浮点型 | 0 |
| 字符类型 | '\0'（ASCII 码值为 0 的字符，NUL） |

关于局部变量、全局变量、静态变量的概念，后续章节再进行详细介绍。

2. 定义变量同时进行初始化

C 语言中支持在定义变量的同时直接用等号连接一个值，表示将该值赋为该变量的初始值。例如：

```
int a = 2;
char x = '?';
```

这样就表示定义了一个 int 类型的变量 a，它的初始值是 2，以及一个 char 类型的变量 x，它的初始值是 '?'。同一个定义语句中，可以同时存在对多个同类型变量的定义及初始化，例如：

```
int b = 3, c, d = 4;
```

这样表示定义了 b、c、d 三个 int 类型的变量，其中 c 被初始化为 3，d 被初始化为 4。

3. 变量的访问（读取与赋值）

```
double m = 1.5;
double n = m;
```

这样就表示定义了一个 double 类型的变量 m，它的初始值是 1.5。随后，在下一个语句中，读取 m 当前的值，并赋给另一个 double 类型的变量 n。从而，n 也取值 1.5。

### 2.3.4　常变量

顾名思义，所谓"常变量"就是作为常量的变量。这类变量的特点是我们希望它的值在初始化过后就一直不变，它可以满足我们程序中的某些设计要求。其实按理来说普通的变量也可以作为常变量来用，但是有的时候可能使用过程中会不小心改变了变量的值，这显然是不好的。所以如果写成常变量，在编译时编译器就会进行检查，一旦发现代码可能会对其造成更改，就会报错，这样可以保证我们程序的正确性。

要定义一个常变量很简单，只需加上关键词 const 即可，例如：

```
const int a = 99;
int const b = 89;
```

两种顺序都是可以的，没有区别，a 和 b 都是 const int 类型的变量。

与常变量类似，还存在一种符号常量，它是在源代码开始处通过预处理指令（#define）来进行宏定义（一般紧随 #include 之后），它实际上只是为某些常量值定义了一个符号，以方便代码的编写并提高代码的可读性。在预编译阶段，代码中的符号常量就会被替换成相应的常量值。例如：

```
#define PI 3.14159
#define HOURS 24
```

值得一提的是，符号常量不占用任何内存空间，它仅仅是一个值的代号而已。

### 2.3.5　左值和右值

C语言中不同的值占用空间的策略不一样。有的值没有名字，那么它称作右值；有的值有名字，那么它就称作左值。例如：

```
int a = 2;
```

实际上这个程序出现了两个值，一个值是 a，它有自己的名字（a），所以它是一个左值；另一个值是 2，它直接被写了出来，但是没有名字，所以称作右值。由于没有名字，右值不可能被以后的代码用到，所以右值在使用过它的语句结束之后就被丢弃，其占用的内存空间也被立即回收。

从这个定义不难看出，所谓"右值"这个概念其实更接近于"临时值"，它是一个临时的值，有着短暂的生命周期。至于为什么叫左值和右值，实际上从上面的例子很容易发现，因为在这种经典的赋值语句中，左值总是被放在左边，而右值总是被放在右边。

右值本身是常量，所以它是不可以被更改的。例如，不能用语句 1 = 2 尝试把其中值为 1 的右值改变为 2。

## 2.4　运算符

现在我们理解了数据类型和变量的概念，但是光有这些暂时还做不了太多实质性操作。如果有了数据却没法对它们操作，那这个程序也毫无意义。所以，运算符，亦称操作符，就是用来对变量、数据进行运算操作的。

接下来，本节将逐一介绍 C 语言中比较常用的运算符。

### 2.4.1　双目运算符

双目运算符的意思就是作用于两个运算对象的运算符。如果运算符叫 <operator>，要作用的两个运算对象是 a 和 b，那么使用方式一般就是 a <operator> b，这个表达式返回的值就是该运算符对这两个运算对象作用后的值。

　　为了方便后文讲解，先介绍圆括号 ()，当它出现在表达式中的时候，就表示括号内的表达式要先执行，这与一般的数学表达式中的运算优先级一样。

　　1. 算术运算符 + 和 –

　　+ 表示算术加号，它返回两数的和；– 表示算术减号，它返回两数的差。

　　2. 算术运算符 *

　　* 表示算术乘号，它返回两数的乘积。

　　3. 算术运算符 /

　　/ 表示算术除号，它返回两数相除的商。如果作用的两数都是整型，那么它返回的是整数除法的商值（整型），即通常说的"整除"；否则只要其中一个是浮点型，它就会返回普通意义的除法的商值（浮点型）。所以，进行除法运算前需要考虑清楚，是否可能存在除不尽、有小数的情况，这将决定最终结果的精确度。

　　此外，与常规的算术除法运算一样，除数( / 右边的数 )不能为 0。在代码编写时，也一样需要考虑是否会有除数为 0 的可能，并进行相应处理。

　　4. 算术运算符 %

　　% 并不表示百分比，而是表示取模( 求余 )。% 作用的两个运算对象必须是整型，$a \% b$ 定义为 $a – (a / b) * b$。对于正整数，其表示的就是整数除法得到的余数。

　　和除法运算 / 一样，% 作用的第二个数也不能是 0，否则程序会出错。

　　5. 赋值符 =

　　C 语言中，= 并不是表示判断，而是表示赋值。它的作用是把 = 左边的值修改为 = 右边的值。需要注意的是，与前面介绍的运算符不同，= 是会改变（左侧）运算对象的值的；而之前的运算符只是返回了一个运算结果值，而运算对象本身是不会被改变的。其实 = 本身也有返回值，它返回的是第一个运算对象的值。所以读者可以写出类似例 2-3 这样的代码进行验证。

```
//Example2_3
#include <stdio.h>

int main() {
    int a, b;
    a = (b = 2);
    printf("a=%d, b=%d", a, b);
    return 0;
}
```

```
运行结果：
a=2, b=2
```

在这个例子中首先计算括号里面的表达式,b = 2把b的值改变为2,然后返回2。接下来就要执行a = 2，效果是把a的值改变为2，然后再返回2，但是这个返回值没有对象进行接收，所以就被丢弃了。然后整个语句结束，最终效果是a和b都被赋值为2。

在上面这个例子中，可以把括号去掉，因为C语言中 = 具有右结合性（自右向左计算）。换言之，当很多个等号连着的时候，默认的执行逻辑是先计算最右边的等号，再依次向左。所以上面的代码等价于：

```
#include <stdio.h>

int main() {
    int a, b;
    a = b = 2;
    printf("a=%d, b=%d", a, b);
    return 0;
}
```

这就是说，从效果上看，C语言支持连等赋值操作。

另外需要说明的是，= 在语句中是执行赋值操作，与双引号所表示的字符串文本中的 = 不同。例如，printf 中 "a=%d, b=%d" 只是描述了所要输出的文本的形式，其中的 = 不执行任何操作。

6. 关系运算符 > >= < <= == !=

> 是关系运算符，所表示的是"大于"。a > b 则判断a是否大于b并返回布尔类型的值，true 代表a确实大于b，false 则反之。

与此类似，关系运算符还有 >=（大于或等于）、<（小于）、<=（小于或等于）。此外还有 ==，它表示"等于"。之所以不用 = 是因为 = 已经作为赋值符使用了。对许多初学者而言，在代码中经常会不注意就混用了"="与"=="，从而带来问题且难以识别。最后，!= 则表示"不等于"。== 与 != 也是根据判断结果返回相应布尔类型的值（true 或 false）。

7. 逻辑运算符 && 和 ||

上述关系运算符在比较两个运算对象之后，会返回 true 或 false，但这只是简

单的一个条件判断的情形。实际上，在很多复杂的情况下，需要针对多个条件进行同时判断，这个时候就需要用到逻辑运算符。例如，需要判断a>b以及c<d两个条件同时成立时，可以用逻辑与运算符（&&）来表示：(a>b)&&(c<d)。当两个条件都为true时，最终返回true，否则返回false。当需要判断a>b或者c<d任意一个条件成立时，可以用逻辑或运算符（||）来表示：(a>b)||(c<d)。当两个条件都为false时，最终返回false，否则返回true。逻辑运算符在后续章节进行条件判断时，会大量涉及。

8. 移位运算符 << 和 >>

这两个运算符的运算对象都需要是整数，它把第一个整数的比特表示按位向左或向右移动相应的位数。例如，如果写 1 << 2，由于 1 默认是 int 类型的常量，所以实际上 1 的存储方式是 00……0001，后面的 << 2 表示对此比特串整体左移两位，多出来的位补为 0，也就是变成 00……0100，那么此比特串以 int 类型存储方式解码得 4，所以 1 << 2 的返回值是 4。同理，>> 表示右移，所以当然 4 >> 2 的返回值就是 1 了。

实际上明白了原理，它的效果就很好理解了，如果光看效果，a >> b 等价于 $\dfrac{a}{2^b}$。同样可得 a << b 就等价于 $a \times 2^b$。

9. 按位运算符 & ^ |

顾名思义，按位运算符就是对作用的两个数按位操作，它们的操作对象只能是整数（包括 char 等本质上是整数的类型）。

& 称作"位与"，就是把运算的两个数按位进行逻辑上"与"的操作。这个操作的特点是当操作的两个数的对应位数的比特值都是 1 时返回值在该位为 1，否则为 0。例如，如果有以下代码：

```
char a = 1, b = 3;
char c = a & b;
```

a的实际存储方式是00000001，b的存储方式是00000011。那么对于表达式a & b，其返回值也会是 char 类型的变量，关于它实际存储的比特串，前 6 位都是对 0 和 0 进行逻辑与的操作，得 0。对于第 7 位，a 的第七位是 0，b 的是 1，所以进行逻辑与操作之后还是得 0。对于最后一位，a 和 b 都是 1，此时进行逻辑与操作才得 1，因此 a & b 的结果是 00000001，也就是 char 类型的 1。因此，变量 c 的值就是 1。

| 和 ^ 也是像这样进行按位的运算。| 称作"位或"，对于每一位，当操作的两个数的对应位数的比特值都是 0 时返回值在该位为 0，否则为 1。^ 称作"位异或"，对于每一位，当操作的两个数的对应位数的比特值相同时返回值在该位为 0，否则为 1。如果还是以上文的变量 a 和 b 为例，那么 a | b 的比特值就是 00000011，即其返回值是 3；a ^ b 的比特值就是 00000010，即其返回值是 2。

10. 扩展赋值运算符 += -= *= /= %= <<= >>= &= |= ^=

+= 其实是两种运算（先 + 后 =）的简化写法。例如，a += b 表示把 a + b 的值赋给 a，可以简单理解为表达式 a += b 完全等价于 a = (a + b)。+= 运算后将改变 a 的值，而 b 的值不变。类似地，其他的扩展赋值运算符也是遵循一样的规则。

### 2.4.2　单目操作符

所谓单目操作符，就是只作用于一个运算对象的运算符。

1. + 和 –

除了作为双目运算符中的加号、减号，+ 和 – 也可以作为单目运算符。在运算中我们可能会用到负数。例如负一，就是用 –1 来表示。我们可以把减号单独作用于一个数前面来获得它的相反数。同理，+ 单独作用于一个数前面就返回这个数本身。

2. *

除了作为双目运算符中的乘号，* 也可以作为一个单目运算符，它一般作用于一个指针类型的变量，称作指针运算符或间接访问运算符。这是为了获取指针所指向的值。

3. &

除了作为双目运算符中的位与号，& 也可以作为一个单目运算符，它一般作用于一个变量，返回该变量的地址。因此，& 称为取地址运算符。

4. !

! 表示非（逻辑取反），它作用的对象是一个布尔类型的值，返回值是该变量的逻辑取反，即如果作用于 false 则返回 true，作用于 true 则返回 false。

5. ~

~ 也是一个位运算符，表示按位取反。它的操作对象是一个整数类型的变量，返回同样类型的一个值，使得两者的实际存储的比特码每一位都不一样。例如，

对于表达式 ~1，1 本身是一个 int 类型的常量，它的实际存储的比特码是 00……0001，那么这个表达式的值的每一位都取反后得到的值是 11……1110。

6. ++ 和 --

++ 称为自增运算符，-- 称为自减运算符。

当它们置于运算对象前面的时候，称为前置 ++ 和前置 --。可以这么理解，++a 这个表达式等价于 a += 1，而 --a 这个表达式等价于 a -= 1。它们让运算对象本身自增或自减 1，然后返回运算之后的值。

既然强调前置，那当然是因为也有后置的情况，称为后置 ++ 和后置 --。类似地，a++ 和 a-- 同样会让运算对象自增或自减 1。但是，自增和自减操作是在 a 原本的值被返回后才进行。

前置与后置主要的区别，可以通过这个例子来说明：假设 a 的原值为 1，那么：① b = ++a; 是 a 先变成 2，再将 2 赋给 b；而② b = a++; 是先把 1 赋给 b，a 再变成 2。

对于初学者而言，++ 或 -- 与其他运算符同时结合使用时，其实是很容易出错的。建议可以拆成多条语句分步进行，以减少错误。

### 2.4.3　三目运算符 ?:

"?:" 是 C 语言里面唯一的三目运算符，它接受三个运算对象，具体的使用方式是 a ? b : c。其中，a 一般是一个最终返回布尔值的判断条件，b 和 c 是任意表达式。当 a 为 true 时，运算符最终返回 b；a 为 false 时，则返回 c。例如，a>=0?a:(0-a); 实际上就是返回 a 的绝对值的操作。

## 2.5　类型转换

一般而言，一个表达式中参与运算的多个运算对象有可能是来自不同数据类型的，这些不同类型的运算对象在内存中占用了不同的字节空间，那么如何对它们进行运算呢？C 语言中存在着"类型转换"的机制，先将运算对象临时转换成同一个类型，再进行相应运算。类型转换包括显式类型转换与隐式类型转换两种。

1. 显式类型转换

C 语言中，不同的数据类型可以相互转换。一般来说，可以手动指定转换的目标类型，我们称之为显式类型转换（强制类型转换）。如例 2-4 所示。

```
//Example2_4
#include <stdio.h>

int main() {
    int a = 35;
    char b;
    b = (char)a;
    printf("%c", b);
    return 0;
}
```

运行结果：
#

赋值符 = 连接的两个变量需要类型一致。b 是 char 类型的变量，a 是 int 类型的变量，它们的类型是不一致的，但是我们可以手动将所要转换的目标类型 (char) 作用于 a，它的返回值就是 char 类型的 '#' 了。

如上例所示，圆括号加上类型名可以对数据进行类型转换，它的返回值就是所作用的值在指定目标类型下的对应值。

虽然上述例子看似"正常"，但是这种显式类型转换其实是蕴含着风险的。如例 2–5 所示。

```
//Example2_5
#include <stdio.h>

int main() {
    int a = 99999;
    short b;    //short int 类型的最大值为 32767
    b = (short) a;
    printf("%d", b);
    return 0;
}
```

运行结果：
–31073

在这个例子中，我们以（short）的显式方式将 int 类型值为 99999 的变量 a 转换为 short int 类型。由于 short int 类型只占两个字节，99999 已远远超出两个字节所能表示的最大值 32767，因此，强制的转换及数据的存入，自然就产生了错误，使得值变成了 –31073。

所以，并不是什么类型都可以转换成任意其他类型。还有一种容易出现问题的类型转换，就是将小数类型转换为整数类型。这种转换仅保留其整数的部分，小数部分会被丢失。如例 2-6 所示。

```
//Example2_6
#include <stdio.h>

int main() {
    float a = 1.01;
    float b = 1.99;
    int aa = (int) a;
    int bb = (int) b;
    printf("%d, %d", aa, bb);
    return 0;
}
```
运行结果：
1, 1

如例子所示，浮点型变量 a 和 b 被强制转换成整型之后，只保留了整数部分。并且，需要注意的是，保留整数部分并不是四舍五入，因为 (int)1.01 和 (int)1.99 的返回值都是 1。所以，在将小数转换成整数的过程中，读者也应时刻考虑到会有精度丢失的可能。

2. 隐式类型转换

其实，在涉及不同类型的运算对象的表达式中，不一定非得进行显式转换才能进行运算。在很多时候，编译器可能会自动进行类型转换（将表达范围较小的类型自动转换成表达范围较大的类型），我们称之为隐式类型转换（自动类型转换）。如例 2-7 所示。

```
//Example2_7
#include <stdio.h>

int main() {
    int a = 18;
    long b = a;
    double c = a;
    printf("%ld, %lf", b, c);
    return 0;
}
```
运行结果：
18, 18.000000

这段代码没有使用任何的显式类型转换。但是，编译器能够识别的由 int 类型的 a 转换成 long int 类型的 b 或者 double 类型的 c 都是从"小"往"大"转（所占字节数变大、涉及小数所以精度变大），这种转换不会丢失数据，所以就自动进行了。

## 2.6　运算符的优先级

高级语言区别于低级语言的一个主要表现，就是高级语言中一条语句可以同时包含多个动作。所以，C 语言的一个表达式中往往会有多个运算符存在。那么，在这种情况下，应该先执行哪一个运算？这就涉及运算符的优先级问题。表 2-7 总结了各种运算符（包括一些后续章节才介绍的运算符）的优先级。表中从上往下，优先级从高到低。

表 2-7　各种运算符的优先级

| 运算符 | 优先级 |
|---|---|
| () [] -> . | 最高 |
| ! ~ ++ -- + - * & | |
| * / % | |
| + - | |
| << >> | |
| < <= > >= | |
| == != | |
| & | |
| ^ | |
| \| | |
| && | |
| \|\| | |
| ?: | |
| = += -= *= /= %= &= ^= \|= <<= >>= | 最低 |

其中，当 +、- 和 * 作为单目运算符时，它们的优先级要高于作为双目运算符的情况。

例 2-8 中，表达式含有优先级不同的多个运算符，按照表格中的优先级从高到低依次执行。首先，计算 (b − c) 得到 1；其次，计算 ++a 得到 6；紧接着，计算 1 * d 得到 2；最后，计算 6 + 2 得到 8。

```
//Example2_8
#include <stdio.h>

int main() {
    int a = 5;
    int b = 4;
    int c = 3;
    int d = 2;
    int e = ++a + (b − c) * d;
    printf("%d", e);
    return 0;
}
运行结果：
8
```

## 2.7　运算符的结合性

结合性，就是规定了当处于同一优先级的多个运算符同时出现在一个语句时，运算的执行顺序。例如对于表达式 a / b / c，它们之间都是用 / 连接的，这个时候是理解为 (a / b) / c，还是 a / (b / c)？再比如，对于表达式 a − b + c，+ 和 − 的优先级相同，那么应该先计算 a − b 还是 b + c？所以，这一系列的问题，就取决于运算符的结合性，如表 2-8 所示。

表 2-8　各种运算符的结合性

| 运算符 | 结合性 |
| --- | --- |
| () [] -> . | 自左向右 |
| ! ~ ++ -- + − * & | 自右向左 |
| * / % | 自左向右 |
| + − | 自左向右 |
| << >> | 自左向右 |
| < <= > >= | 自左向右 |

续表

| 运算符 | 结合性 |
|---|---|
| ==　!= | 自左向右 |
| & | 自左向右 |
| ˆ | 自左向右 |
| \| | 自左向右 |
| && | 自左向右 |
| \|\| | 自左向右 |
| ? : | 自右向左 |
| =　+=　-=　*=　/=　%=　&=　ˆ=　\|=　<<=　>>= | 自右向左 |

有了表 2-8 以后，问题自然就得到解答了。如例 2-9 所示，/ 具有左结合性（自左向右），所以"a / b / c"等价于"(a / b) / c"，结果为 2。类似地，+ 和 - 也是左结合的，所以"a-b + c"等价于"(a-b)+ c"，结果为 14。

```
//Example2_9
#include <stdio.h>

int main() {
    double a = 16;
    double b = 4;
    double c = 2;
    double d = a / b / c;
    double e = a – b + c;
    printf("%lf, %lf", d, e);
    return 0;
}
```
运行结果：
2.000000, 14.000000

C 语言里有大量的运算符，编写时稍有不慎就很容易出问题。为了更好地编写便于理解的代码，建议做到以下两点。

1. 对较长的表达式多使用括号

括号的优先级往往最高，所以可以多使用括号，将运算过程中的运算符优先级和结合性更清晰明显地表示出来。例如，6 / 2 % 3 * 4 的计算步骤不是很直观，但如果写成 ((6 / 2) % 3) * 4 则一目了然。

2. 不要在同一个语句中多次改变同一个变量的值

例如：

```
int main() {
    int a = 1;
    int b = a++ + ++a;
    return 0;
}
```

同一个变量 a 在语句 int b = a++ + ++a; 中被改变了两次，这是完全不利于其他人阅读的。为了让读者更好地理解代码的意图，建议改写为以下形式。

```
int main() {
    int a = 1;
    int c = a++;
    int b = c + ++a;
    return 0;
}
```

```
int main() {
    int a = 1;
    int c = ++a;
    int b = a++ + c;
    return 0;
}
```

# 实 验 案 例

实验案例 2-1：字母大小写转换

【要求】

编写程序，读取用户输入的一个小写字母，转换并输出其对应的大写字母。

【解答】

```
//Exercise2_1
#include <stdio.h>

int main() {
    char lower_c, upper_c;
```

```
    printf("Please enter a lower-case letter: ");
    scanf("%c", &lower_c);
    upper_c = lower_c - 32;
    printf("The upper-case letter: %c\n", lower_c - 32);
    return 0;
}
```

输入：
Please enter a lower-case letter: e

运行结果：
The upper-case letter: E

实验案例 2-2：圆的周长与面积

【要求】

编写程序，读取用户输入的圆的半径，计算并输出圆的周长与面积。

【解答】

```
//Exercise2_2
#include <stdio.h>

int main() {
    float pi = 3.14159, radius, perimeter, area;
    printf("Please enter the radius: ");
    scanf("%f", &radius);
    perimeter = 2 * pi * radius;
    area = pi * radius * radius;
    printf("Perimeter = %f. Area = %f.\n", perimeter, area);
    return 0;
}
```

输入：
Please enter the radius: 6.8

运行结果：
Perimeter = 42.725628. Area = 145.267136.

实验案例 2-3：条件表达式

【要求】

编写程序，读取用户输入的整数 x，判断 x 是否同时满足以下条件：

1. x 小于 50；

2. x 的绝对值大于 10；

3. x 是 5 的倍数。

若满足，则输出"Yes"；否则输出"No"。

【解答】

```
//Exercise2_3
#include <stdio.h>

int main() {
    int x;
    printf("Please enter x: ");
    scanf("%d", &x);
    if(x<50 && (x>10 || x<-10) && (x%5==0)) {
        printf("Yes\n");
    } else {
        printf("No\n");
    }
    return 0;
}
```

输入：
Please enter x: 35

运行结果：
Yes

实验案例 2-4：通货膨胀率

【要求】

通货膨胀率的其中一个计算方式如下：

通货膨胀率 =（货币发行量 – 实际需要货币量）/ 实际需要货币量 ×100%

编写程序：

1. 读取用户输入的货币发行量（整数）；

2. 读取用户输入的实际需要货币量（整数）；

3. 计算并输出通货膨胀率（小数，保留两位小数）。

【解答】

```
//Exercise2_4
#include <stdio.h>

int main() {
    int c1, c2;
```

```
    printf("Please enter currency supply: ");
    scanf("%d", &c1);
    printf("Please enter currency needed: ");
    scanf("%d", &c2);
    double rate = (double) (c1 − c2) / c2 * 100;
    printf("Inflation rate: %.2lf%%", rate);
    return 0;
}
```

输入：
Please enter currency supply: 2286500
Please enter currency needed: 2262100

运行结果：
Inflation rate: 1.08%

# 第 3 章 控制流

## 3.1 语句和语句块

表达式语句（Statement）是程序中所能执行的一个基本代码单元，它以分号（；）作为语句的结束。例如：

x 赋值的语句 x = 0;

y 自增的语句 y++;

输出语句 printf(…);

之前章节所介绍的都是一条条的语句，一个程序可以只包含一条语句（如 main 函数中的 return 语句），也可以包含很多条。

但是在程序设计中，存在一些情况，需要对某些条件进行判断，当满足时，则执行一组语句，而不满足时，则组中的所有语句都不执行。这就涉及语句块（Block）的概念。语句块其实就是大括号 {} 所括起来的一条复合语句，在语法上类似于一条语句。它具有以下特点。

（1）语句块中可以只含有一条语句，如 {printf("Hello world!");}

（2）语句块的内容也可以是空，如 {}。

（3）语句块可以嵌套，如 {{…}…{{…}…{…}}}。

（4）语句块的结尾，即右侧大括号 "}" 后面不需要分号 ";"。

## 3.2  执行顺序

　　程序中各语句的执行顺序一般都是按照顺序结构进行的，也即按从上往下顺序执行，这是最简单、最常见的默认结构。例如，例 3-1，程序获得了圆的半径，进而计算其周长、面积，最后进行输出。它的执行就是严格按照从上往下的顺序进行。

```
//Example3_1
#include <stdio.h>

int main() {
    double r, peri, area;
    r = 5.5;
    peri = 2 * 3.14 * r;
    area = 3.14 * r * r;
    printf("Perimeter: %lf\nArea: %lf\n", peri, area);
    return 0;
}
```

运行结果：
Perimeter: 34.540000
Area: 94.985000

　　但是，在现实生活中，我们为了解决某些问题，仅有顺序结构是不够的。例如，我们需要让程序自行判断某些条件，当满足时则执行指定的语句块，否则执行其他操作。再例如，我们需要程序在某些条件仍然满足的情况下，重复执行一组语句块。显然，这需要对程序的语句执行流程进行控制、改变，而这些需求是顺序结构难以实现的。C 语言提供了丰富的控制流语句，让我们能够为程序增加复杂的控制结构，从而实现执行流程的控制。这主要包括选择、循环、跳转三大类控制流语句。

　　（1）选择 (if, switch)。

　　（2）循环 (while, do-while, for)。

　　（3）跳转 (break, continue, goto)。

## 3.3  条件判断

　　前文提到，语句执行流程的控制改变主要取决于条件的判断。因此，控制流的关键在于条件判断的设定。这就涉及第 2 章所介绍的各种运算符的使用，如表 3-1 所示。

表 3-1　各种运算符的含义

| 运算符 | 含义 |
| --- | --- |
| < | 小于 |
| <= | 小于等于 |
| > | 大于 |
| >= | 大于等于 |
| == | 等于 |
| != | 不等于 |
| && | 逻辑与 |
| ‖ | 逻辑或 |
| ! | 逻辑非（取反） |

通过上述各运算符的使用，形成条件表达式。根据对条件表达式的判断返回 true（真）或者 false（假）作为结果，从而决定了后续语句的执行。而 true 或者 false 其实对应的就是整数 1 或 0。

其中，三个逻辑运算符中，&& 与 ‖ 用于多个条件的组合，而 ! 用于将条件判断的结果进行逻辑取反。若 a 和 b 各代表两个需要判断的条件，那么这三个运算符所对应的真值表（即给定 a 和 b 的逻辑值后的条件判断结果）如下。

| a | b | a && b | a ‖ b | !a |
| --- | --- | --- | --- | --- |
| true | true | true | true | false |
| true | false | false | true | false |
| false | true | false | true | true |
| false | false | false | false | true |

条件表达式可以只包含一个条件。例如，判断 x 是否为正数，其条件表达式为：$x > 0$。条件表达式也可以包含多个条件。例如，判断 x 的绝对值是否大于等于 3。它对应的具体条件其实有两个，一个是正值大于等于 3，另一个是负值小于等于 $-3$，这两个其中一个成立即可，是一个"或"的关系。因此，其条件表达式为：

(x>=3)||(x<=−3)。

例 3-2 对条件表达式进行判断，我们通过输出其返回的结果可以知道该条件判断是否成立。

```
//Example3_2
#include <stdio.h>

int main() {
    int x = −5;
    int result1 = x > 0; // 不成立
    int result2 = (x >= 3) || (x <= −3); // 成立
    printf("%d, %d", result1, result2);
    return 0;
}
```
运行结果：
0, 1

在写条件表达式时，有一些细节问题是需要特别注意的，否则条件判断将会出错，导致程序的逻辑出现问题。例如：

（1）判断是否相等的符号是"=="而不是"="；

（2）浮点数由于其存储特点导致精度可能有一定的丢失，因此不建议直接用 == 或 != 进行是否相等的判断；

（3）若进行字符的比较（实质上是 ASCII 码值的比较），那么大写英文字母（如 'A'）的 ASCII 码值要比其对应的小写英文字母（如 'a'）的 ASCII 码值小；

（4）条件表达式也可以为一个数值或者变量，当该数值或者变量所对应的数值为 0 时，判断返回 false，而其他值（包括正数、负数、小数等非 0 值）都判断返回 true；

（5）当条件表达式包含多个需要判断的条件、较为复杂时，多个 &&、|| 及 ! 的联合使用需要特别谨慎，建议多用小括号 () 来明确优先级并提高可读性。

## 3.4 控制流语句：选择语句

在一些情形下，需要让程序对条件表达式进行判断，根据判断结果再选择相应的语句块进行执行或者跳过。这就涉及 C 语言中的选择语句。选择语句一共包含以下五种类型：

- if
- if-else
- if-else if
- if-else if-else
- switch

### 3.4.1　选择语句：if

if 语句是最简单的选择语句。它对条件表达式进行判断，若返回 true，则执行语句块，若返回 false，则跳过不执行。其语法如下：

```
if(condition){
    trueBody;
}
```

其中，condition 代表条件表达式（可由一个或多个条件组成），大括号中的 trueBody 代表 condition 判断结果为 true 时所执行的语句块（可为空或单条或多条语句）。需要注意的是，在此类选择语句中，trueBody 所代表的语句块中的多条语句是作为一个整体存在的，要么被整体执行，要么所有语句都不执行。当 trueBody 只包含一条语句时，大括号可以省略。

例 3-3 演示了 if 语句的使用。该程序一共包含了三个 if 语句：第一个 if 语句判断 a 是否大于 1,若成立则输出 "a > 1" 并换行；第二个 if 语句判断 a 是否小于 2，若成立则输出 "a < 2" 并换行；第三个 if 语句判断 a 是否大于 2 且小于 4，若成立则输出 "2 < a < 4" 并换行。由于 a 被赋值为 3，所以只有第一个与第三个 if 语句中的语句块会被执行。

```
//Example3_3
#include <stdio.h>

int main() {
    int a = 3;
    if(a > 1) {
        printf("a > 1\n");
    }
```

```
    if(a < 2) {
        printf("a < 2\n");
    }
    if(a > 2 && a < 4) {
        printf("2 < a < 4\n");
    }
    return 0;
}
```

运行结果：
a > 1
2 < a < 4

### 3.4.2 选择语句：if-else

　　if 语句进行条件判断后决定对某个语句块进行执行或跳过。但如果存在两个语句块，需要对其二选一执行时，if 语句就不能够方便地实现了。此时，可以采用 if-else 语句。其语法如下：

```
if(condition){
    trueBody;
} else {
    falseBody;
}
```

　　其中，condition 仍然作为条件表达式进行判断，当返回 true 时，执行 trueBody 所代表的语句块，当返回 false 时，执行 falseBody 所代表的语句块。因此，在 if-else 语句中，无论如何，最终有且仅有一个语句块会被执行。

　　例 3-4 演示了 if-else 语句的使用。这个例子中一共演示了 2 个 if-else 语句的使用。第一个语句对"a > 1"进行判断，a 为 3 返回 true，因此执行了 trueBody。而第二个语句对"b <= 1"进行判断，b 为 2 返回 false，因此执行了 falseBody。

```
//Example3_4
#include <stdio.h>

int main() {
    int a = 3, b = 2;
    if(a > 1) {
        printf("a > 1\n");
```

```
    } else {
        printf("a <= 1\n");
    }

    if(b <= 1) {
        printf("b <= 1\n");
    } else {
        printf("b > 1\n");
    }
    return 0;
}
```

运行结果：
a > 1
b > 1

### 3.4.3　选择语句：if-else if

　　if-else 语句能够对语句块进行二选一执行，因此，它非常适合于二元问题的处理。但是，针对多元（即有三个及以上的语句块）问题需要多选一执行时，就需要用到 if-else if 语句了。其语法如下：

```
if(condition1){
    trueBody1;
} else if(condition2) {
    trueBody2;
} else if(condition3) {
    trueBody3;
}
……
} else if(conditionN) {
    trueBodyN;
}
```

　　可见，if 及每个 else if 子句都带有相应的条件表达式，以及相应的 trueBody 语句块。因此，该语句会从上往下依次判断每一个条件表达式，直到碰到第一个返回 true 的子句，执行其对应的 trueBody，然后整个 if-else if 语句执行结束。显然，在 if-else if 语句中，有可能最终所有条件表达式判断都为 false，从而所有语句块都不执行。

　　例 3-5 演示了 if-else if 语句的使用。程序中对 a 赋值为 5，然后 if 子句判断"a > 5"

不成立，继续判断后续条件"a > 4"成立，输出"a > 4"，继而结束整个 if-else if 语句的执行。

```
//Example3_5
#include <stdio.h>

int main() {
    int a = 5;
    if(a > 5) {
        printf("a > 5");
    } else if(a > 4) {
        printf("a > 4");
    } else if(a > 3) {
        printf("a > 3");
    } else if(a > 2) {
        printf("a > 2");
    }
    return 0;
}
```
运行结果：
a > 4

### 3.4.4 选择语句：if-else if-else

if-else if 语句能够对多元选择进行多选一，但也有可能最终不做出任何选择。如果，希望对多选一问题增加一个默认选择，也即是当所有条件判断都不成立时，最终采取默认选择，那么就需要用到 if-else if-else 语句。其语法如下：

```
if(condition1){
    trueBody1;
} else if(condition2) {
    trueBody2;
} else if(condition3) {
    trueBody3;
}
......
} else if(conditionN) {
    trueBodyN;
} else {
    defaultBody;
}
```

该语句其实就是在 if-else if 语句的末尾增加了一个 else 子句。语句会从上往下依次判断条件表达式，执行第一个判断为 true 的子句对应的 trueBody 后直接跳出结束（else 子句不执行）。但当所有判断都返回 false 时，最终会进入 else 子句，执行 defaultBody 语句块。因此，if-else if-else 语句最终有且仅有一个语句块会被执行。

例 3-6 演示了 if-else if-else 语句的使用。程序中 a 的值为 3，在经过 "a < 1" "a < 2" "a < 3" 这三个条件表达式的判断都返回 false 后，进入了 else 子句部分，最终输出 "a >= 3"。

```
//Example3_6
#include <stdio.h>

int main() {
    int a = 3;
    if(a < 1) {
        printf("a < 1");
    } else if(a < 2) {
        printf("a < 2");
    } else if(a < 3) {
        printf("a < 3");
    } else {
        printf("a >= 3");
    }
    return 0;
}
```
运行结果：
a >= 3

### 3.4.5　选择语句的嵌套

上述的选择语句可以实现"同一层次"上多元选择的操作。但是，如果涉及"递进式、多层次"的选择问题，就需要采用选择语句的嵌套结构。例如，例 3-7 中涉及两层的 if-else 结构。在外层的 if 子句中判断 a 是否不为零，若为零则进入外层的 else 子句并输出 "It's zero!\n"，若不为零则进入 if 子句。在该 if 子句中，嵌套了一个内层的 if-else 语句。内层的 if 子句判断 "a > 0"，若为 true 则输出 "It's positive!\n"，否则进入内层的 else 子句输出 "It's negative!\n"。

```
//Example3_7
#include <stdio.h>
```

```
int main() {
    int a = −3;
    if(a != 0) {
        if(a > 0) {
            printf("It's positive!\n");
        } else {
            printf("It's negative!\n");
        }
    } else {
        printf("It's zero!\n");
    }
    return 0;
}
```

运行结果：
It's negative!

在选择语句的嵌套使用时，需要注意：①每一个层次上的 if-else if-else 各个子句切忌忽略遗漏。②不同层次上的语句采用不同的缩进结构，保证可读性，避免混乱出错。当然，一个好的编程风格，是尽量避免太多层次的嵌套结构。毕竟，有些嵌套结构是可以转换成扁平化的非嵌套结构来实现的。

### 3.4.6　选择语句：switch

上述选择语句可以根据对多个条件表达式的判断实现语句块的多选一执行。其实，C 语言中还提供另一种选择语句，可以实现类似多选一操作。switch 语句提供了类似于"开关档位"的机制，根据对所处"档位"的判断，执行该"档位"下对应的语句块。其语法如下：

```
switch(val) {
    case value1: {caseBody1; break;}
    case value2: {caseBody2; break;}
    case value3: {caseBody3; break;}
    ……
    case valueN: {caseBodyN; break;}
    default: {defaultBody;}
}
```

其中，val 所表示的便是"档位"，它可以是一个整数（int）或字符（char）类型的变量。不同的 case 子句对应的便是不同的"档位"值（value1 ～ valueN）及其相应的执行语句块（{} 内的语句）。因此，switch 语句会根据 val 的值，寻找到对应值所在的 case，执行其 caseBody。若所有的值都无法匹配，则执行 default 子句中的 defaultBody。

　　例 3-8 演示了 switch 语句的使用。switch 语句对 x 进行识别，值为 'b'，则寻找到相应的 case 'b'，从而执行其对应的语句块，输出 "case b\n"。紧接着执行 break 语句，整个 switch 语句结束。

```
//Example3_8
#include <stdio.h>

int main() {
    char x = 'b';
    switch(x) {
        case 'a': {
            printf("case a\n");
            break;
        }
        case 'b': {
            printf("case b\n");
            break;
        }
        case 'c': {
            printf("case c\n");
            break;
        }
        default: {
            printf("case default\n");
        }
    }
    return 0;
}
```
运行结果：
case b

　　break 在上例中的作用便是当相应的 case 执行之后，跳出并终止执行。倘若 case 子句中没有放置 break 语句，则程序会继续向下执行后续的 case 部分。如例 3-9 所示，x 为 'b'，程序进入 case 'b' 子句，输出 "case b\n"。但是随后 break 语句不存在，程序会继续执行后续的所有 case 部分（包括 case 'c' 与 default）。

```
//Example3_9
#include <stdio.h>
```

```
int main() {
    char x = 'b';
    switch(x) {
        case 'a': {
            printf("case a\n");
        }
        case 'b': {
            printf("case b\n");
        }
        case 'c': {
            printf("case c\n");
        }
        default: {
            printf("case default\n");
        }
    }
    return 0;
}
```

运行结果：
case b
case c
case default

　　一般而言，凡是可以用 switch 语句的结构都可以轻松地转换成 if 结构（通过判断条件表达式是否等于具体的"档位"值）。但是，if 语句向 switch 语句的转换并不是特别直接（如 if 语句中并不是进行"相等"的判断）。所以，在进行程序设计时，应根据具体情况对 if 或者 switch 语句进行灵活地选择采用，甚至嵌套结合使用。

## 3.5　控制流语句：循环语句

　　选择语句可以让程序针对不同的条件判断结果进行代码的选择性执行。相对于基本的顺序结构而言，这使程序变得更加灵活，能够实现更强大的功能。除此以外，程序设计中还时常会有重复执行某个语句块的需求。最直接的解决办法，便是将需要重复的语句块按照所需重复的次数进行代码的重复编写。但这会使得代码非常冗长，维护起来也极其不便。显然，这不是一个很好的解决方案。对此，C 语言中提供了循环语句，能够轻松地满足此类需求。循环语句一共包含以下三种类型：

- while

- do–while

- for

### 3.5.1　循环语句：while

while 语句的语法如下：

```
while(condition){
    loopBody;
}
```

其中，condition 代表条件表达式，大括号中的 loopBody 代表每一次重复执行的语句块。如果语句块中只包含一条语句，大括号可以省略。while 语句将对 condition 进行判断，当返回 true 时，则执行 loopBody，然后再一次判断 condition，直到其返回 false 则停止循环。需要注意的是，condition 一旦给定，其形式自然是固定的。所以，一般而言，loopBody 中会存在一些语句改变 condition 判断的结果，使得 while 语句执行有限次数的循环，而不是"死"循环。

例 3–10 演示了 while 语句的使用。首先，a 被初始化为 2。然后，while 语句中的判断条件是"a > 0"，每次循环中都通过 printf 语句输出 a 的值。其中，非常重要的一条语句是"a--"，它使得每一遍循环都改变了 a 的值，使得"a > 0"的条件在有限的循环次数后不再满足，从而结束循环。

```
//Example3_10
#include <stdio.h>

int main() {
    int a = 2;
    while(a > 0) {
        printf("a = %d\n", a);
        a--;
    }
    return 0;
}
```

```
运行结果：
a = 2
a = 1
```

与上例相比较，while 语句的循环体中若忘记添加相关语句改变条件判断的结果，则可能出现"死"循环，如例 3-11 所示。

```
//Example3_11
#include <stdio.h>

int main() {
    int a = 2;
    while(a > 0) {
        printf("a = %d\n", a);
    }
    return 0;
}
```
运行结果：
a = 2
a = 2
a = 2
……
a = 2

### 3.5.2　循环语句：do-while

do-while 语句的语法如下：

```
do {
    loopBody;
} while(condition);
```

其中，condition 代表条件表达式，大括号中的 loopBody 代表每一次重复执行的语句块。do-while 语句总体而言与 while 语句非常相似，但也存在着两个非常重要的区别：首先，do-while 语句是先执行循环体再进行条件判断，而 while 语句是先进行条件判断再执行循环体；其次，do-while 语句末尾需要添加分号（;），而 while 语句不需要。

例 3-12 演示了 do-while 语句的使用，与 while 语句的例子极其相似（同样的变量初始化、判断条件、循环体），执行结果也是一致的：

```
//Example3_12
#include <stdio.h>
```

```
int main() {
    int a = 2;
    do{
        printf("a = %d\n", a);
        a--;
    } while(a > 0);
    return 0;
}
```

运行结果：
a = 2
a = 1

　　事实上，while 语句与 do-while 语句在处理同一问题时，如果变量初始化、判断条件、循环体都相同，一般而言执行结果会是一致的。但也不排除在某些情况下，两个语句会出现不同的执行结果。例如，将上述 while 语句与 do-while 语句的例子中，变量初始化都改为"a = 0"，执行结果则出现了区别。这也是读者在采用 while 语句、do-while 语句时需要注意的方面。

### 3.5.3　循环语句：for

　　for 语句的语法如下：

```
for(initialization; condition; update) {
    loopBody;
}
```

　　其中，initialization 代表循环前所需执行的初始化语句（例如记录循环次数的变量的初始化），condition 代表条件表达式，update 代表每一遍循环之后的变量更新语句（例如更新记录循环次数的变量值），大括号中的 loopBody 代表每一次重复执行的语句块。需要注意的是，initialization 只执行一遍（第一遍循环），而 condition、update、loopBody 则会多次重复执行。因此，for 语句中这四个重要部分的执行顺序如下：initialization –> condition（返回 true）–> loopBody –> update –> condition（返回 true）–> loopBody –> update –> … –> condition（返回 false）–> 结束。此外，需要说明的是，for 语句的这四个部分都不是必须项，读者可根据实际需要进行相应设置。但是，不论这四个部分是否存在，for 语句中圆括号 () 内的两个分号（;）都是不可或缺的。

例 3-13 中，演示了如何采用 for 语句轻易地完成从 1 至 100 的累加求和操作。从 1 开始累加，则 initialization 中将计数变量 i 初始化为 1。累加到 100 为止，则 condition 中判断 i 是否小于等于 100。每一遍循环体 loopBody 的执行，将 i 累加至变量 sum 中。每一遍循环体之后，需要更新计数变量 i 的值，所以 update 部分执行"i++"进行 i 的自增。

```
//Example3_13
#include <stdio.h>

int main() {
    int sum = 0, i;
    for(i = 1; i <= 100; i++) {
        sum += i;
    }
    printf("sum = %d\n", sum);
    return 0;
}
```

运行结果：
sum = 5050

在早期的 C 版本（C99 之前）中，for 语句的 initialization 不允许直接进行变量的定义，如 for(int i = 1;i <= 100； i++)。因此，需要如上例所示，在 for 语句之前先行定义变量。但从 C99 开始，读者可以更加便捷地直接在 initialization 中进行变量的定义及初始化。此外，initialization 和 update 两个部分其实允许多个语句的存在，语句之间用逗号（,）隔开。例如，for(int i = 1, j = 100; i <= 100 && j >= 1; i++, j--)。

### 3.5.4　循环语句的嵌套

上述循环语句的使用都是基于单个维度的单层循环。但事实上，循环也可以是复杂的多层循环。例如，若将 1 至 50 按照 10 行 × 5 列的矩阵形式输出，就需要同时针对矩阵的行与列进行两个维度的双层循环。多层循环可以通过循环语句的嵌套来实现。前文介绍的三个不同的循环语句都可以相互嵌套，例 3-14 以 for 循环的自我嵌套作为例子。外层的 for 语句是基于行所进行的循环，它以 i 作为计数（i 从 1 至 10）。内层的 for 语句是基于列所进行的循环，它以 j 作为计数（j 从 1 至 5）。在此嵌套结构中，内层的 for 语句其实就相当于外层 for 语句的循环体中的一部分，可以看作一条普通语句。因此,在外层 for 语句的每一遍循环中,都需要完整地执行内层 for 语句的所有循环。同时,在每一遍的外层 for 循环中都通过 printf 语句进行换行,才最终实现了矩阵形式的输出。

```
//Example3_14
#include <stdio.h>

int main() {
    int i, j, num = 1;
    for(i = 1; i <= 10; i++) {   // 外层 for 循环
        for(j = 1; j <= 5; j++) {   // 内层 for 循环
            printf("%d\t", num);
            num++;
        }
        printf("\n");
    }
    return 0;
}
```

运行结果:

| | | | | |
|---|---|---|---|---|
| 1 | 2 | 3 | 4 | 5 |
| 6 | 7 | 8 | 9 | 10 |
| 11 | 12 | 13 | 14 | 15 |
| 16 | 17 | 18 | 19 | 20 |
| 21 | 22 | 23 | 24 | 25 |
| 26 | 27 | 28 | 29 | 30 |
| 31 | 32 | 33 | 34 | 35 |
| 36 | 37 | 38 | 39 | 40 |
| 41 | 42 | 43 | 44 | 45 |
| 46 | 47 | 48 | 49 | 50 |

## 3.6 控制流语句:跳转语句

以上介绍的各种循环语句都是在预设的条件下正常、完整地执行循环,直到条件不再满足了为止。但是,在某些情况下,当满足一定条件时,需要提前改变循环执行的状态(例如终止、跳过)。这需要借助 C 语言中的跳转语句,跳转语句一共包含以下三种类型:

- break

- continue

- goto

### 3.6.1 跳转语句：break

break 语句的主要作用是终止代码的执行。读者已经在 switch 语句中认识到 break 的使用，它可以在执行完相应 case 子句中的语句块之后，终止、跳出，不再执行后续的其他 case 子句和 default 子句。

但是，break 语句更常见的是用于循环当中，在满足条件时终止循环的执行。由于循环可以是单层的也可以是双层嵌套的，以下分三种情况对 break 语句进行介绍。

（1）如例 3–15 所示，break 语句位于单层循环中。按照正常循环执行完毕 sum 应该等于 5050。但是，在 for 循环的循环体中，增加了一个条件判断，当 i 的值为 10 时，则执行 break 语句，终止循环。因此，原计划从 1 累加至 100 的循环，在 i 等于 10 以及对 10 进行累加之前便执行了 break 语句，实际上只累加至 9 便停止了。

```c
//Example3_15
#include <stdio.h>

int main() {
    int sum = 0, i;
    for(i = 1; i <= 100; i++) {
        if(i==10) {
            break;
        }
        sum += i;
    }
    printf("sum = %d\n", sum);
    return 0;
}
```

运行结果：
sum = 45

（2）如例 3–16 所示，break 语句位于双层循环的内层循环中。在内层循环中，增加了一个条件判断，当 num 大于 25，便执行 break。内层循环的 break 一旦执行，便终止内层循环而直接跳转至外层循环中。因此，在输出了 5 行共 25 个数之后，num 值开始大于 25，所以每次进入内层循环执行了 printf 语句并对 num 进行自增以后，便执行 break 终止内层循环并跳转至外层循环中。如此重复，直到剩余的 5 遍外层循环执行结束为止。

```
//Example3_16
#include <stdio.h>

int main() {
    int i, j, num = 1;
    for(i = 1; i <= 10; i++) {
        for(j = 1; j <= 5; j++) {
            printf("%d\t", num);
            num++;
            if(num > 25) {
                break;
            }
        }
        printf("\n");
    }
    return 0;
}
```

运行结果：

| | | | | |
|---|---|---|---|---|
| 1 | 2 | 3 | 4 | 5 |
| 6 | 7 | 8 | 9 | 10 |
| 11 | 12 | 13 | 14 | 15 |
| 16 | 17 | 18 | 19 | 20 |
| 21 | 22 | 23 | 24 | 25 |
| 26 | | | | |
| 27 | | | | |
| 28 | | | | |
| 29 | | | | |
| 30 | | | | |

（3）如例 3–17 所示，break 语句位于双层循环的外层循环中。此时，将内层循环当作外层循环体的一条普通语句看待。当外层循环中的 break 语句执行时，循环终止，内层循环自然也不再执行。例如，条件"i > 5"在输出的第 6 行开始成立，break 执行，外层循环终止，整个程序也到此结束。

```
//Example3_17
#include <stdio.h>

int main() {
    int i, j, num = 1;
    for(i = 1; i <= 10; i++) {
        if(i > 5) {
            break;
        }
        for(j = 1; j <= 5; j++) {
```

```
                printf("%d\t", num);
                num++;
            }
            printf("\n");
        }
    return 0;
}
```

| 运行结果： | | | | |
| --- | --- | --- | --- | --- |
| 1 | 2 | 3 | 4 | 5 |
| 6 | 7 | 8 | 9 | 10 |
| 11 | 12 | 13 | 14 | 15 |
| 16 | 17 | 18 | 19 | 20 |
| 21 | 22 | 23 | 24 | 25 |

### 3.6.2　跳转语句：continue

continue 语句与 break 语句类似，可用于循环体中。但是，break 语句是终止循环的执行，而 continue 语句是跳过当前这一遍循环而执行下一遍循环。同样地，continue 语句也可以在单层循环、双层循环的内层循环、双层循环的外层循环当中存在。以下分别进行介绍。

（1）如例 3-18 所示，continue 语句位于单层循环中。按照正常循环执行完毕 sum 应该等于 5050。但是，在 for 循环的循环体中，增加了一个条件判断，当 i 的值为 10 时，则执行 continue 语句，跳出当前这一遍循环。因此，原计划从 1 累加至 100 的过程中，10 并未被累加。

```
//Example3_18
#include <stdio.h>

int main() {
    int sum = 0, i;
    for(i = 1; i <= 100; i++) {
        if(i==10) {
            continue;
        }
        sum += i;
    }
    printf("sum = %d\n", sum);
    return 0;
}
```

| 运行结果： |
| --- |
| sum = 5040 |

（2）如例 3-19 所示，continue 语句位于双层循环的内层循环中。在内层循环中，增加了一个条件判断，当 j 等于 3，便执行 continue。内层循环的 continue 一旦执行，便跳过当前的这一遍循环而直接开始下一遍循环。因此，对于内层循环而言，print 语句与 num 自增语句只会在 j 等于 1、2、4、5 的时候执行。也即是，最终的输出是一个 10 行 ×4 列的矩阵。

```c
//Example3_19
#include <stdio.h>

int main() {
    int i, j, num = 1;
    for(i = 1; i <= 10; i++) {
        for(j = 1; j <= 5; j++) {
            if(j == 3) {
                continue;
            }
            printf("%d\t", num);
            num++;
        }
        printf("\n");
    }
    return 0;
}
```

运行结果：

| | | | |
|---|---|---|---|
| 1 | 2 | 3 | 4 |
| 5 | 6 | 7 | 8 |
| 9 | 10 | 11 | 12 |
| 13 | 14 | 15 | 16 |
| 17 | 18 | 19 | 20 |
| 21 | 22 | 23 | 24 |
| 25 | 26 | 27 | 28 |
| 29 | 30 | 31 | 32 |
| 33 | 34 | 35 | 36 |
| 37 | 38 | 39 | 40 |

（3）如例 3-20 所示，continue 语句位于双层循环的外层循环中。此时，将内层循环当作外层循环体的一条普通语句看待。当外层循环中的 continue 语句执行时，跳过当前这一遍循环而开始下一遍。例子中的条件 "i % 3 == 0" 表示 i 是 3 的倍数时（i 等于 3、6、9）便跳过，其后续的内层循环自然也不执行。所以，最终只进行了 7 行输出。

```
//Example3_20
#include <stdio.h>

int main() {
    int i, j, num = 1;
    for(i = 1; i <= 10; i++) {
        if(i % 3 == 0) {
            continue;
        }
        for(j = 1; j <= 5; j++) {
            printf("%d\t", num);
            num++;
        }
        printf("\n");
    }
    return 0;
}
```

| 运行结果: | | | | |
|---|---|---|---|---|
| 1 | 2 | 3 | 4 | 5 |
| 6 | 7 | 8 | 9 | 10 |
| 11 | 12 | 13 | 14 | 15 |
| 16 | 17 | 18 | 19 | 20 |
| 21 | 22 | 23 | 24 | 25 |
| 26 | 27 | 28 | 29 | 30 |
| 31 | 32 | 33 | 34 | 35 |

### 3.6.3 跳转语句：goto

goto 语句是一个非常灵活的跳转语句，它可以使得程序的执行流程从代码当中的某个位置跳转至其他指定的标签位置。如例 3-21 所示，代码中设置了一个 myLoop 标签（标签后需有冒号），后续 if 语句判断 "i <= 5" 成立时，便执行 goto 语句跳至 myLoop 所在位置。不难发现，goto 语句在此实现了一个循环操作。

```
//Example3_21
#include <stdio.h>

int main() {
    int i = 1;
    myLoop:
        printf("i = %d\n", i);
        i++;
        if(i <= 5){
            goto myLoop;
```

```
        }
    return 0;
}
```

```
运行结果：
i = 1
i = 2
i = 3
i = 4
i = 5
```

　　　上述例子是 goto 语句的"向上"跳转。当然，goto 语句也可以实现"向下"跳转。如例 3-22 所示，其中，两个 for 语句进行嵌套，循环输出 i 与 j 的值。但在内层循环中，if 语句进行条件判断，一旦 j 等于 3，便执行 goto 语句，跳转至代码末尾的 stopLoop 位置。所以，在第一遍外层循环（i 为 1）中的第三遍内层循环（j 为3）则进行了跳转，执行了末尾的 printf 语句后，程序便结束。

```
//Example3_22
#include <stdio.h>

int main() {
    int i = 1, j = 1;
    for(i = 1; i <= 2; i++) {
        for(j = 1; j <= 3; j++) {
            printf("i = %d, j = %d\n", i, j);
            if(j == 3) {
                goto stopLoop;
            }
        }
    }
    stopLoop:
        printf("End of loop!\n");
    return 0;
}
```

```
运行结果：
i = 1, j = 1
i = 1, j = 2
i = 1, j = 3
End of loop!
```

　　　事实上，goto 语句存在的最大意义是能够允许程序在复杂的深层次嵌套代码中轻松地跳出，而不需要借助太多的 break 语句。但是，goto 语句的"随意"跳转会破坏 C 语言的结构化设计风格，导致执行流程混乱、代码可读性降低。所以，一般不建议读者使用 goto 语句。并且，goto 语句也可以通过本章所介绍的其他各种控制流语句的使用来达到类似的效果。

## 实 验 案 例

实验案例 3-1：九九乘法表

【要求】

编写程序，通过控制流结构，输出九九乘法表。

【解答】

```
//Exercise3_1
#include <stdio.h>

int main() {
    for(int i = 1; i <= 9; i++) {
        for(int j = 1; j <= i; j++) {
            printf("%dx%d=%d\t", j, i, i * j);
        }
        printf("\n");
    }
    return 0;
}
```
```
运行结果：
1×1=1
1×2=2  2×2=4
1×3=3  2×3=6   3×3=9
1×4=4  2×4=8   3×4=12  4×4=16
1×5=5  2×5=10  3×5=15  4×5=20  5×5=25
1×6=6  2×6=12  3×6=18  4×6=24  5×6=30  6×6=36
1×7=7  2×7=14  3×7=21  4×7=28  5×7=35  6×7=42  7×7=49
1×8=8  2×8=16  3×8=24  4×8=32  5×8=40  6×8=48  7×8=56  8×8=64
1×9=9  2×9=18  3×9=27  4×9=36  5×9=45  6×9=54  7×9=63  8×9=72  9×9=81
```

实验案例 3-2：闰年

【要求】

编写程序，读取用户输入的一个年份（YYYY），并判断该年份是否为闰年。若是，则输出"YYYY was a leap year."；否则，输出"YYYY was not a leap year."。

【解答】

```
//Exercise3_2
#include <stdio.h>


int main() {
    int year;
    printf("Please enter a year: ");
    scanf("%d", &year);
    if (year % 400 == 0 || (year % 4 == 0 && year % 100 != 0)) {
        printf("%d was a leap year.\n", year);
    }
    else {
        printf("%d was not a leap year.\n", year);
    }
    return 0;
}
```

输入：
Please enter a year: 2000

运行结果：
2000 was a leap year.

### 实验案例 3-3：阶乘

【要求】

编写程序，读取用户输入的一个正整数 N，计算并输出 N 的阶乘值。

【解答】

```
//Exercise3_3
#include <stdio.h>

int main() {
    int i = 0, N, result = 1;
    printf("Please enter N: ");
    scanf("%d", &N);
    for (i = N; i > 0; i--) {
        result = result * i;
    }
    printf("%d! = %d\n", N, result);
    return 0;
}
```

输入 :
Please enter N: 8

运行结果 :
8! = 40320

## 实验案例 3-4：鸡兔同笼

【要求】

编写程序，读取用户输入的头的数量、脚的数量。通过控制流结构，计算并输出鸡和兔的数量。若无解，则输出"No Solution!"。

【解答】

```
//Exercise3_4
#include <stdio.h>

int main() {
    int heads, feet, solved = 0;
    printf("Please enter number of heads: ");
    scanf("%d", &heads);
    printf("Please enter number of feet: ");
    scanf("%d", &feet);
    for (int c = 0; c <= heads; c++) {
        for (int r = 0; r <= heads − c; r++) {
            if ((c + r == heads) && (2*c + 4*r == feet)) {
                printf("Chickens = %d, Rabbits = %d.\n", c, r);
                solved = 1;
                break;
            }
        }
    }
    if (solved == 0) {
        printf("No Solution!\n");
    }
    return 0;
}
```

输入 :
Please enter number of heads: 11
Please enter number of feet: 38

运行结果 :
Chickens = 3, Rabbits = 8.

实验案例 3-5：存款收益

【要求】

编写程序，读取用户输入的本金、存款年利率（%）、期望回报（本金及利息之和相对于本金的倍数）。通过控制流结构，以复利方式计息，计算并输出达到期望回报所需要的最短时间（整数年）。

【解答】

```
//Exercise3_5
#include <stdio.h>

int main() {
    double principle, rate;
    int times;
    printf("Enter the amount of principle: ");
    scanf("%lf", &principle);
    printf("Enter the interest rate (%%): ");
    scanf("%lf", &rate);
    printf("Enter the times of principle: ");
    scanf("%d", &times);

    int years = 0;
    double current_money = principle;
    while(current_money < principle * times) {
            current_money *= (1 + rate / 100);
            years++;
    }
    printf("Years needed = %d\n", years);
    return 0;
}
```

输入：
Enter the amount of principle: 100
Enter the interest rate (%): 5
Enter the times of principle: 2

运行结果：
Years needed = 15

# 第4章  函　数

## 4.1　函数的概念

提起函数，我们首先想到的是数学中的等式关系表达式，如 y=cos(x),y=sin(x) 等。C 语言中也存在函数，它是完成某项特定功能的代码块，帮助我们编写出更加简洁、美观的代码。简单地说，C 语言中的变量是用来表示数据的，变量名是数据的代号；而函数是用来表示行为的，函数名是行为的代号。

### 4.1.1　函数的作用

使用函数的最主要原因，是为了实现模块化编程。模块化编程的基本思想就是把较大的任务分解成若干个较小的任务，并从若干个小任务中提炼出公用任务，从而构造函数。模块化编程及函数的使用具有以下特点。

（1）使整个程序结构更加清晰。

（2）降低了程序设计的复杂度。

（3）减少程序设计的重复劳动。

（4）缩短程序开发周期。

（5）使代码易于维护和修改。

第 3 章所介绍的循环语句，主要用于"一气呵成"的连续重复行为。例如，不间断地从 1 累加至 100。但是，在代码编写过程中，如果我们希望在执行流程中的不同位置重复地使用同一段代码（非"一气呵成"的连续重复行为），循环语句则难以派上用场。为了轻松地达到该目的，C语言需要通过具有模块化特点的函数来实现。

### 4.1.2 函数的类型

1. 库函数

库函数由系统预定义标准功能，供用户直接使用。例如：scanf()、printf()以及一些数学函数等，在使用前需要通过 #include<……> 导入相应头文件才能对函数进行调用。

2. 自定义函数

自定义函数由使用者根据自己的需要进行编写，能够更加灵活地满足使用者的个性化需求，这也是本章的重点。

3. 主函数（main 函数）

主函数（main 函数）由系统预定义，原型是在编译器中预定义的由系统自动调用的入口程序；而函数体则由使用者进行编写。一个C语言程序有且仅有一个名为 main 的主函数，函数之间可以相互调用，但不能够调用主函数（主函数只能由系统调用）。

### 4.1.3 函数的用法

函数的常见用法：

```
#include <stdio.h>

// 函数声明

int main() {
    ……
    // 函数调用
    ……
    return 0;
}

// 函数定义
```

例 4-1 是关于函数使用的一个简单的例子：

```
//Example4_1
#include <stdio.h>
```

```
void sayHello();        // 函数声明

int main(){
    sayHello();         // 函数调用
    return 0;
}

void sayHello(){        // 函数定义
    printf("Hello World!\n");
}
```

运行结果：
Hello World!

　　这个简单的例子中包含了函数的声明、定义、调用。程序并没有直接在主函数中输出"Hello World!"，而是通过调用所定义的 sayHello() 函数来实现"Hello World!"的输出。下面我们详细介绍函数的使用。

## 4.2　函数的定义

### 4.2.1　函数结构

　　C 语言中变量在使用前需要先进行定义，存在了才能被使用。函数也一样，需要对其具体的实现细节进行定义，后续才能进行调用。函数的定义遵循以下结构：

```
returnType functionName(type1 param1, ……, typeN paramN) {
    //function body
}
```

　　从该结构可知，函数的定义包含返回值类型、函数名、参数、函数体等四个主要部分。

　　返回值类型：返回值类型是指一个函数在运行结束后所返回的数据的类型，该数据通过 return 语句进行返回。返回值类型可以是 C 语言的各种数据类型，包括 int、float、double、char、short、long 等。除此以外，它还可以是 void（当函数没有返回值的时候所对应的类型）。

　　需要注意的是，函数当中的 return 语句其实也是在进行跳转，跳转返回至函数的调用处。言外之意，当函数的函数体中执行了 return 语句时，函数的调用结束，return 语句之后的其他函数体部分不再执行。因此，return 语句一般是函数体的最终语句。

以下是不同类型返回值的例子。首先，当函数没有返回值时，函数的返回值类型为 void。一种形式是 return 语句后直接以分号结束，没有具体的返回内容；另一种形式是函数体没有 return 语句。例如：

```
void f() {
    ......
    return;          // 没有返回值
}
```

```
void f(){
    ......            // 没有 return 语句
}
```

另外，如果函数最终含有返回值，那么它的类型可以是 C 语言中的各种数据类型。需要注意的是，一旦指定了返回值的类型，那么就需要返回指定类型的值。例如：

```
double f() {
    ......
    return double_value;        // 返回 double 类型的数据
}
```

返回值的形式是多样的。它可以是常量、变量（包含某个值）、表达式（计算得到某个值）、函数（函数返回某个值）等形式。例如：

```
int f() {
    ......
    return 8;                   // 返回一个常量
}
```

```
int f() {
    ......
    return x;                   // 返回一个变量
}
```

```
int f() {
    ......
    return 3*(x+y);          // 返回一个表达式
}
```

```
int f() {
    ......
    return max(a, b);        // 返回一个函数值
}
```

函数名：每一个函数都具有一个名称，函数名称的确定也有一定的要求。首先，它不能与变量名称冲突。其次，它的命名规范与变量类似，采用驼峰式命名法（第一个单词小写，后续各单词的首字母大写，其他字母一律小写）。再者，由于函数是为了完成某些动作，所以一般建议函数名以 get、find、compute 等动词开始。例如，getAverage、findMax、computeDistance 等。

参数：函数执行某些动作，也许需要一些初始值的输入。例如，一个计算圆的面积的函数，需要给它提供圆的半径；一个计算坐标系上两点距离的函数，需要给它提供这两点的坐标值。这些需要提供的数据即是函数的参数。并且，每一个参数对应了相应的数据类型。函数的参数并不是必须存在的，是否存在取决于函数的具体功能。函数参数也可以是一个或多个，具有多个时，它们的数据类型也可以是相同或不同的。

函数体：函数体则是函数所具体执行的操作，它一般包含两个部分，一是变量的定义，二是对这些变量的运算。

### 4.2.2 函数定义的例子

从上述函数结构可知，函数存在四种常见的样式：①无返回值、无参数；②无返回值、有参数；③有返回值、无参数；④有返回值、有参数。以下通过具体的例子，介绍这四种类型。

1.无返回值、无参数

如例 4-2 所示，函数 sayHello 只是简单地输出"Hello World!\n"，它并没有返回任何的值，也不需要接收任何的参数。

```
//Example4_2
#include <stdio.h>

void sayHello();

int main() {
    sayHello();
    return 0;
}

void sayHello() {
    printf("Hello World!\n");
}
```
运行结果：
Hello World!

### 2. 无返回值、有参数

　　如例 4-3 所示，同样是没有返回值的 sayHello 函数，但是含有一个字符类型的参数 c。函数在接收参数 c 所包含的字符之后，便将其输出。main 函数中定义了字符变量 c 并初始化为字符 'J'，继而将该变量 c 传给函数。函数接收后输出 "Hello, J!"。

```
//Example4_3
#include <stdio.h>

void sayHello(char c);

int main() {
    char c = 'J';
    sayHello(c);
    return 0;
}

void sayHello(char c) {
    printf("Hello, %c!\n", c);
}
```
运行结果：
Hello, J!

### 3. 有返回值、无参数

　　如例 4-4 所示，getName 函数没有接收任何参数，但是具有字符类型的返回值。从 getName 函数的定义可知，该函数仅是简单地返回字符 'J'。main 函数中调用了 getName 函数并用字符变量 c 接收了所返回的字符，再将其输出。最终，程序输出

"Hello, J!"。

```
//Example4_4
#include <stdio.h>

char getName();

int main() {
    char c = getName();
    printf("Hello, %c!\n", c);
    return 0;
}

char getName() {
    return 'J';
}
```
运行结果：
Hello, J!

### 4. 有返回值、有参数

如例 4-5 所示，函数 convertUpper 接收一个字符变量 c 作为参数，将其减去整数 32 之后，作为字符返回。main 函数中定义了字符变量 c 并初始化为字符 'j'，继而将其传给函数 convertUpper。从 ASCII 码表可知，将小写字母 'j' 减去整数 32 获得的便是其对应的大写字母 'J'，并将其赋值给字符变量 upper。最终，程序输出 "Hello, J!"。

```
//Example4_5
#include <stdio.h>

char convertUpper(char c);

int main() {
    char c = 'j', upper;
    upper = convertUpper(c);
    printf("Hello, %c!\n", upper);
    return 0;
}

char convertUpper(char c) {
    c = c – 32;
    return c;
}
```
运行结果：
Hello, J!

## 4.3　函数的调用

当函数被正确定义之后，它便可以被调用。调用方式如例 4-5 所示，主要包含以下方面的细节。

（1）被调用的函数称为"被调函数"（如 convertUpper 函数），而调用被调函数的函数称为"主调函数"（如 main 函数）。

（2）函数定义当中的参数称为"形式参数"（形参），它是一种形式上的参数，形式参数的值来源于实际参数，是被调函数与主调函数进行数据交换的媒介。例如，char convertUpper(char c) 中的字符参数 c 就是形式参数；而主调函数中，在调用被调函数时所赋予的参数称为"实际参数"（实参），它具有实际的值，可以是常量、变量、表达式以及函数返回值等，用以向形式参数传递值。例如，main 函数中 upper = convertUpper(c) 的参数 c 便是实际参数。

（3）被调函数若有返回值需要接收时，则要有与返回值类型相同的变量通过赋值运算符进行接收，例如，upper = convertUpper(c) 中字符变量 upper 接收了 convertUpper 函数所返回的字符 'J'。

（4）函数的调用主要通过其函数名进行，并且提供相应的实际参数，以及做好相应的返回值接收工作。例如，upper = convertUpper(c) 则是对 convertUpper 函数的调用。

函数的调用，还需要区分被调函数的类别。

（1）当被调函数为库函数时，则需要通过 #include 指令将头文件事先导入当前源文件，使得被调函数"已存在"。

（2）当被调函数为用户自定义函数时，被调函数的定义其实可以取代函数声明的位置，从而出现在函数调用之前，这在语法上是允许的；但是，如果函数的定义出现在了函数调用的位置之后，则需要事先对被调函数进行函数声明。

## 4.4　函数的声明

函数声明其实就是将函数的名称、参数的个数及类型、返回值的类型等信息传递给编译器，告知编译器该函数的存在。同时，它也能够帮助编译器判断函数调用是否合法。

按照习惯，如上述函数常见用法中所描述，函数的声明一般出现在预处理指令之后、main 函数之前。这是因为编译源代码时是从上往下逐行扫描的，若在开头的位置就声明了函数的存在，则后续调用函数时不会出现不知道被调函数"从何而来"的问题。而至于用户不太关心的每一个自定义函数的实现细节，则放置于更重要的 main 函数之后，通过函数定义去说明。

事实上，函数的声明与定义主要有以下联系与区别。

（1）两者的首行（函数头部、函数原型）基本一致，除了函数声明比函数定义多了一个分号以外。

（2）函数声明只有一行，而函数定义还包含了大括号所包含的函数体。

前文提到，语法上允许直接以函数定义代替函数声明。所以，接下来，我们通过几个例子，来进一步了解函数声明存在与否以及函数定义位置不同，所带来的各种运行结果。

情形 1：有函数声明，先声明、再调用（例 4-6）

```
//Example4_6
#include <stdio.h>

void f1();              //f1 函数声明
void f2();              //f2 函数声明

int main()    {
    f2();               //f2 函数调用
    return 0;
}

void f1() {             //f1 函数定义
    printf("Hello World!\n");
}

void f2() {             //f2 函数定义
    f1();               //f1 函数调用
}
```
运行结果：
Hello World!

上述例子中，函数 f1 和 f2 都有声明及定义。代码从上往下扫描可知，main 函数作为主调函数调用 f2 时，f2 已经事先声明，因此合法。随后，在 f2 的定义中，f2 作为主调函数调用 f1 时，f1 也在之前声明过，所以也合法。这种先声明再调用的方式，也是最为推荐的。

　　情形 2：无函数声明，先定义、再调用（例 4-7）

```
//Example4_7
#include <stdio.h>

void f1() {            //f1 函数定义
    printf("Hello World!\n");
}

void f2() {            //f2 函数定义
    f1();              //f1 函数调用
}

int main() {
    f2();              //f2 函数调用
    return 0;
}
```

运行结果：
Hello World!

　　上述例子中，函数 f1 和 f2 都没有进行声明，而是直接进行了定义（先 f1 再 f2）。代码从上往下扫描可知，在 f2 的定义中，f2 作为主调函数调用 f1 时，f1 已经事先定义，因此是合法的。随后，main 函数作为主调函数调用 f2 时，f2 也已经事先定义，因此也合法。

　　虽然这并不是常见的函数使用风格，但语法上似乎也没有问题。可是，这并不意味着这种风格是完全合理的。例如例 4-8 中，如果将函数 f1 与 f2 的定义调换位置，当 f2 作为主调函数调用 f1 时，f1 其实尚未"存在"。虽然一些编译器不会将该问题作为"错误"处理导致程序无法编译通过并执行，但也会提出相应的"警告"。事实上，对于同时使用多个函数（尤其存在函数嵌套调用）的程序而言，有时候比较难理清每一个函数的调用顺序，从而安排定义的顺序以确保毫无"警告"。

```
//Example4_8
#include <stdio.h>

void f2() {            //f2 函数定义
    f1();              //f1 函数调用
}
```

```
void f1() {                   //f1 函数定义
    printf("Hello World!\n");
}

int main() {
    f2();                     //f2 函数调用
    return 0;
}
```
运行结果：
Hello World!

情形 3：无函数声明，先调用、再定义（例 4-9、例 4-10）

既然编译器遇到尚未"存在"而后续才"出现"的函数调用只提出警告而不产生错误，那么自然也存在着情形 3 中先调用再定义的情况。比如，以下两个例子：

```
//Example4_9
#include <stdio.h>

int main() {
    f2();
    return 0;
}

void f1() {
    printf("Hello World!\n");
}

void f2() {
    f1();
}
```
运行结果：
Hello World!

```
//Example4_10
#include <stdio.h>

int main() {
    f2();
    return 0;
}

void f2() {
    f1();
}
```

```
void f1() {
    printf("Hello World!\n");
}
```

运行结果：
Hello World!

例 4–9 与例 4–10 都没有事先进行函数声明，并且将函数定义放置最后。两个例子的区别，主要在于函数 f1 与 f2 定义的先后顺序。代码从上往下扫描可知，例 4–9 中将出现一个警告（main 函数调用 f2 时，f2 仍未"存在"），而例 4–10 中将出现两个警告（main 函数调用 f2 时，f2 仍未"存在"；f2 调用 f1 时，f1 仍未"存在"）。

## 4.5　函数的递归调用

函数的递归调用是函数的自身嵌套调用，它本质上就是一种循环调用，一层一层往下，直到满足某个结束条件，继而再一层层不断回溯。在此过程中，大问题可以逐渐分解成小问题，再解决整合。

函数递归有很多经典的应用，如例 4–11，求 n 的阶乘。从函数 fac 的定义可知，它接收一个整型参数 n，也返回一个整型值。fac 判断 n 是否为 0，若是则返回整数 1；若否则返回 n * fac(n – 1)，进行了自身的嵌套调用。因此，fac 最终实现了 n * ( n – 1 ) * ( n – 2 ) * ...... * 2 * 1。

```
//Example4_11
#include <stdio.h>

int fac(int n);

int main() {
    int n = 10;
    int f = fac(n);
    printf("fac(%d) = %d\n", n, f);
    return 0;
}

int fac(int n) {
    if(n == 0) {
        return 1;
```

```
    } else {
        return n * fac(n - 1);
    }
}
```

运行结果：
fac(10) = 3628800

## 4.6　变量的作用域

在介绍变量的作用域之前，我们先分析例 4-12：

```
//Example4_12
#include <stdio.h>

int add(int a, int b);

int main() {
    int a = 10, b = 25;
    int sum = add(a, b);
    printf("sum = %d\n", sum);
    return 0;
}

int add(int a, int b) {
    return a + b;
}
```

运行结果：
sum = 35

细心的读者应该发现，在这同一个源代码中，main 函数里定义了整型变量 a 和 b，add 函数的参数里也定义了整型变量 a 和 b。可是，这里重复定义的同名变量为何却没有产生冲突，反而还正常运行输出了正确的结果？这就涉及变量的作用域问题。

变量的作用域，即变量的可用性范围，指的是变量能够起作用（可见、可被访问）的代码区域。根据变量的作用域，变量可分为局部变量和全局变量。

### 4.6.1　局部变量

在函数中、控制流或大括号 {} 所包含的复合语句中定义的变量，称为局部变量。局部变量的作用域从定义的位置开始，至函数或语句块末尾的位置结束。
例如：

```
int main() { //main 函数
    int i, j;  // 定义了局部变量 i, j
    ……
    return 0;
}
```

```
int func(int x, int y) {   // 用户自定义函数
    int a = 0, b = 0;     // 定义了局部变量 x, y, a, b
    ……
}
```

```
if(true) {
    int x = 0;          // 定义了局部变量 x
    ……
}
```

```
while(true) {
    int y = 0;          // 定义了局部变量 y
    ……
}
```

```
for(int i; i<=10; i++)   { // 定义了局部变量 i
    int j;               // 定义了局部变量 j
    ……
}
```

可见，上述 main 函数、自定义函数的参数及函数体、控制流语句中定义的变量都属于局部变量，这些变量的作用域也只局限于包含它的函数或语句块之中。当超出该作用域范围，进行变量访问则会报错。如例 4-13 所示。

```
//Example4_13
#include <stdio.h>

int add(int a, int b);

int main() {
    int sum = add(10, 25);
```

```
    printf("a = %d, b = %d\n", a, b);
    printf("sum = %d\n", sum);
    return 0;
}

int add(int a, int b) {
    return a + b;
}
```

运行结果：
编译错误 :main 函数中 a、b 未定义

虽然变量 a 和 b 在 add 函数中有被定义，但它们是局部变量，只存在于 add 函数区域内。而当在区域以外（例如 main 函数中）对它们进行访问时，编译器无法识别这些未定义的变量，从而出现了错误，无法编译通过。

局部变量使得变量只在它应该起作用的区域内起作用，这其实是一个很好的特性设计，它可以让相对独立的代码块保持自身的独立结构，提高代码的可读性。此外，它还可以方便用户对变量的命名。例 4-14 在不同函数中定义了同名的变量( a 和 b )，这些同名变量由于在各自的作用域内不发生冲突，也不容易产生混淆，所以是常用的代码编写规范。

```
//Example4_14
#include <stdio.h>

int add(int a, int b);
int minus(int a, int b);
int multiply(int a, int b);

int main() {
    int a = 5, b = 2;
    printf("add: %d\n", add(a, b));
    printf("minus: %d\n", minus(a, b));
    printf("multiply: %d\n", multiply(a, b));
    return 0;
}

int add(int a, int b) {
    return a + b;
}

int minus(int a, int b) {
    return a - b;
```

```
}

int multiply(int a, int b) {
    return a * b;
}
```

运行结果：
add: 7
minus: 3
multiply: 10

　　函数中定义的局部变量有一个重要的特点，那就是这些变量是每一次函数被调用时才被创建、访问，当调用结束后，变量就被注销。如此反复。如例 4-15 所示，add 函数中定义了局部变量 f 并初始化为 1，它将与传入的参数 n 相加并替换自身的原值。main 函数中多次调用 add 函数并传入不同的 i 值（从 1 至 5）。从相加结果 Sum 的值可知，add 函数每一次被调用时，f 都是重新被创建并初始化为 1，而并不是保留最近一次的赋值。

```
//Example4_15
#include <stdio.h>

int add(int n) {
    int f = 1;
    f = f + n;
    return f;
}

int main() {
    int i;
    for(i = 1; i <= 5; i++) {
        printf("i=%d: Sum=%d\n", i, add(i));
    }
    return 0;
}
```

运行结果：
i=1: Sum=2
i=2: Sum=3
i=3: Sum=4
i=4: Sum=5
i=5: Sum=6

### 4.6.2　全局变量

与局部变量不同，在函数或语句块之外定义的变量称为全局变量。全局变量的作用域从定义的位置开始，一直到源代码末尾的位置结束。

例如，a 和 b 为全局变量，它们的作用域从定义的位置开始，一直到 main 函数末尾的位置结束。

```
#include <stdio.h>

int a = 2, b = 0;              // 定义了全局变量 a, b

int main(){
    ……
    return 0;
}
```

例如，x 和 y 为全局变量，它们的作用域从定义的位置开始，一直到 func2 函数末尾的位置结束；i 和 j 也是全局变量，它们的作用域从定义的位置开始，一直到 func2 函数末尾的位置结束。

```
#include <stdio.h>

int x = 8, y = 3;             // 定义了全局变量 x, y

int main() {
    ……
    return 0;
}

float func1(int a) {
    ……
}

char i, j;                    // 定义了全局变量 i, j

char func2(int x, int y) {
    ……
}
```

全局变量的设置，主要是考虑到可能存在着一些变量，需要被多个不同的函数所访问，又希望能保留被访问后所赋予的值。在这种情况下，在这些函数之前定义全局变量，使其作用域能够涵盖这些函数，是比较便捷的方式。

　　如 4-16 所示，定义了全局变量 m 并初始化为 9，它的作用域涵盖了定义之后的所有区域，包括 main 函数、stepOne 函数、stepTwo 函数所在的区域。所以，在这些区域内，所有函数可以随时对变量 m 进行访问并修改它的值，并且修改值会被保留，直到下一次被修改或者程序结束。此外，值得一提的是，函数 stepOne 和 stepTwo 并不包含任何参数，它不需要通过参数将外部的值传入，而可以直接在 m 的作用域内对其进行访问。

```
//Example4_16
#include <stdio.h>

int m = 9;

void stepOne();
void stepTwo();

int main() {
    printf("Begin: ");
    printf("m = %d\n", m);
    stepOne();
    printf("After stepOne: ");
    printf("m = %d\n", m);
    stepTwo();
    printf("After stepTwo: ");
    printf("m = %d\n", m);
    m--;
    printf("End: ");
    printf("m = %d\n", m);
    return 0;
}

void stepOne() {
    m++;
}

void stepTwo() {
    m *= 2;
}
```

运行结果：
Begin: m = 9
After stepOne: m = 10
After stepTwo: m = 20
End: m = 19

　　在某些特殊情况下，同一源代码中同时定义了全局变量和局部变量，两者同名，并且它们各自的作用域存在着重合部分。在此重合的作用域范围内对变量进行访问，那么访问的是全局变量还是局部变量？

　　如例 4-17 所示，程序中存在着同名的全局变量（代码开头的 a = 3）和局部变量（main 函数中的 a = 8），它们存在着重合的作用域（main 函数体内）。max 函数进行的是变量 a 和 b 值的比较并将较大值返回。通过该程序的设计可知，若是全局变量 a = 3 与 b = 5 进行比较，返回的应该是 5；若是局部变量 a = 8 与 b = 5 进行比较，返回的应该是 8。由执行结果 Max = 8 可知，对 a 的访问，实质上是对局部变量的访问。这也说明了，在同名变量重合的作用域内，全局变量的作用域会被屏蔽，而只是局部变量在起作用。

```
//Example4_17
#include <stdio.h>

int a = 3, b = 5;

int max(int a, int b);

int main() {
    int a = 8;
    printf("Max = %d\n", max(a, b));
    return 0;
}

int max(int a, int b) {
    int c;
    c = a > b ? a : b;
    return c;
}
```
运行结果：
Max = 8

## 4.7　变量的存储类别

　　按照作用域将变量区分为局部变量和全局变量，这只是 C 语言中的一种分类方式。其实，C 语言还可以将变量按照存储类别划分为四种，包括自动型（auto）、寄存器型（register）、静态型（static）、外部型（extern）。

### 4.7.1 自动型

一般而言，如上述局部变量一样，在函数或者复合语句中定义，并且不声明为 static 类型的变量，都属于自动变量。自动变量存储于内存中的动态存储区。

自动变量是局部变量，它是变量没有专门声明存储类别时的默认类别。当然，它也可以采用关键词 auto 进行显式地声明。例如，i 和 j 都是自动型局部变量。

```
#include <stdio.h>

int main() {
    auto int i;
    int j;
    ……
    return 0;
}
```

### 4.7.2 寄存器型

一般而言，程序中所定义的变量是存放在内存当中的，程序通过对内存的访问来读写变量的值。对于内存的频繁访问是需要时间成本的，这对于高速运行的 CPU 而言，显得较为"低效"。因此，这类需要频繁访问的变量，其实可以存储在 CPU 中的寄存器。寄存器是 CPU 中的一种大小较有限的高速储存单元，对其访问要比对内存的访问高效得多。

若需将变量存放于寄存器中，则需要通过关键词 register 对相应变量进行声明。例如，变量 i 存储于寄存器中，而变量 j 存储于内存中。

```
#include <stdio.h>

int main() {
    register int i;
    int j;
    ……
    return 0;
}
```

### 4.7.3 静态型

如前文所述，函数内定义的局部变量是在函数被调用时才被创建、初始化，当函数调用结束后便被注销。这样一来，每一次函数调用对变量操作后的结果并不会得到保留（如例 4–15 所示）。倘若需要函数调用后仍保留局部变量的最新值，则需要用关键词 static 将该变量声明为静态型。静态局部变量存储在内存中的静态存储区，该变量在编译阶段就被初始化，且只初始化一次，后续在每一次函数调用对其操作后，将保留最新的值。此外，若函数中有为该静态局部变量提供初始值，则按此初始值进行初始化。否则，该变量会取默认值 0（int、float 等数值型为数值 0；char 字符型则为空字符 '\0'，也即是 ASCII 码值为 0）。

例 4–18 将例 4–15 中的 add 函数中的局部变量 f 声明为静态型，执行结果发生了改变。从结果可知，静态局部变量 f 进行了一次初始化为 1，随后则保留了每一次 add 函数调用对其操作后的最新值。

```
//Example4_18
#include <stdio.h>

int add(int n) {
    static int f = 1;        // 定义静态局部变量 f
    f = f + n;
    return f;
}

int main() {
    int i;
    for(i = 1; i <= 5; i++) {
        printf("i=%d: Sum=%d\n", i, add(i));
    }
    return 0;
}
```

运行结果：
i=1: Sum=2
i=2: Sum=4
i=3: Sum=7
i=4: Sum=11
i=5: Sum=16

### 4.7.4　外部型

通常情况下，当我们定义一个全局变量时，其作用域是从定义的位置开始，一直到当前源代码的末尾位置结束。但是，如果我们希望在当前的源代码文件内，将该全局变量的作用域继续扩大（提前至定义之前的区域），那么我们可以通过关键词 extern 来声明变量，这便是外部型变量。

　　我们先分析例 4–19，num1 和 num2 为全局变量，但它们的作用域只是覆盖了其后续的 getSum 函数。getSum 函数实际进行的便是将全局变量 num1（值为 1）和 num2（值为 2）相加。main 函数中虽然也定义了同名变量 num1 和 num2，但却为局部变量，它们与后续的全局变量 num1 和 num2 实际上存放在内存中的不同位置。最终，main 函数中调用 getSum 函数，返回了 1 + 2 的计算结果。

```
//Example4_19
#include <stdio.h>

int getSum();

int main() {
    int num1 = 3, num2 = 4;
    printf("Sum = %d", getSum());
    return 0;
}

int num1 = 1, num2 = 2;

int getSum() {
    int sum;
    sum = num1 + num2;
    return sum;
}
```

运行结果：
Sum = 3

　　我们再分析例 4–20，其与例 4–19 唯一的区别，便是在 "int num1, num2;" 前声明了 extern。extern 的声明，实际上是将后续才定义的全局变量的作用域提前到 extern 声明处。通过此操作，main 函数中的 num1 和 num2 变量则等同于后续定义的全局变量。因此，main 函数中对全局变量 num1 和 num2 重新赋值为 3 和 4，再调用 getSum 函数返回的计算结果为 7。

```
//Example4_20
#include <stdio.h>

int getSum();
```

```
int main() {
    extern int num1, num2;
    num1 = 3;
    num2 = 4;
    printf("Sum = %d", getSum());
    return 0;
}

int num1 = 1, num2 = 2;

int getSum() {
    int sum;
    sum = num1 + num2;
    return sum;
}
```

运行结果：
Sum = 7

上述例子中，extern 是将同一源文件中的全局变量作用域进行扩展。但 extern 还可以进行跨源文件的变量作用域扩展。

对于一个较复杂的 C 语言程序而言，它其实是可以由多个源文件共同组成的。既然作为一个整体，不同源文件中就不能出现重复定义的同名变量。但是，如果多个源文件都需要访问某一个变量，则可以在需要访问的源文件中通过 extern 来引入外部文件中的变量。

如例 4-21，一个 C 语言程序包含了 main.c 和 otherFile.c 两个源文件。otherFile.c 只包含了一个整型变量 a 的定义。main.c 包含了 main 函数，并且对变量 a 进行 extern 的声明。该声明其实是将 otherFile.c 中的变量 a 的作用域扩展到 main.c 当中，从而得到输出结果为 3。

```
//Example4_21
//main.c
#include <stdio.h>

int main() {
    extern int a;
    printf("a = %d\n", a);
    return 0;
}
```

```
//otherFile.c
int a = 3;
```

运行结果：
a = 3

# 实 验 案 例

实验案例 4-1：斐波那契数列

【要求】

编写程序，读取用户输入的一个正整数 N。定义函数，传入 N 作为函数参数，并输出斐波那契数列中位置 N 对应的值。

【解答】

```
//Exercise4_1
#include <stdio.h>

int Fibonacci(int N);

int main() {
    int number, result;
    printf("Please enter a number: ");
    scanf("%d", &number);
    result = Fibonacci(number);
    printf("The Fibonacci number: %d.\n", result);
    return 0;
}

int Fibonacci(int N) {
    int i, num1 = 1, num2 = 1, result = 1;
    for (i = 0; i < N − 2; i++) {
        result = num1 + num2;
        num2 = num1;
        num1 = result;
    }
    return result;
}
```

输入：
Please enter a number: 6

运行结果：
The Fibonacci number: 8.

实验案例 4-2：质数

【要求】

编写程序，读取用户输入的一个大于 1 的正整数 number。定义函数，传入 number 作为函数参数，输出所有小于 number 的质数。

【解答】

```
//Exercise4_2
#include <stdio.h>

void prime_number(int number);
int isRight(int number);

int main() {
    printf("Please enter a number: ");
    int number;
    scanf("%d", &number);
    prime_number(number);
    return 0;
}

void prime_number(int number) {
    int i = 0, flag = 0;
    for (i = 2; i < number; i++) {
        flag = isRight(i);
        if (flag != 0)
            printf("%d ", i);
    }
}

int isRight(int number) {
    int i, flag = 0;
    for (i = 2; i < number; i++) {
        if (number % i == 0) {
            flag = 1;
            break;
        }
    }
    if (flag == 0) {
        return 1;
    } else {
        return 0;
    }
}
```

输入:
Please enter a number: 60

运行结果:
2  3  5  7  11  13  17  19  23  29  31  37  41  43  47  53  59

实验案例 4-3：递归求和

【要求】

编写程序，读取用户输入的一个正整数 i。定义函数，传入 i 作为函数参数，通过函数的递归调用，计算并输出 1+2+3+⋯+i 的值。

【解答】

```
//Exercise4_3
#include <stdio.h>

int Sum(int n);

int main() {
    int n;
    printf("Please enter a number: ");
    scanf("%d", &n);
    printf("Sum = %d\n", Sum(n));
    return 0;
}

int Sum(int n) {
    if (n == 1) {
        return 1;
    }
    else if (n > 1) {
        return n + Sum(n−1);
    }
}
```
```
输入：
Please enter a number: 100

运行结果：
Sum = 5050
```

实验案例 4-4：分数

【要求】

编写程序，读取用户输入的一个正整数 i。定义函数，传入 i 作为函数参数，计算并返回 $1/2+2/3+3/4+\cdots+(i-1)/i+i/(i+1)$ 的值。

【解答】

```
//Exercise4_4
#include <stdio.h>
```

```
double calculate(int i);

int main() {
    printf("Please enter a number: ");
    int i;
    scanf("%d", &i);
    double result = calculate(i);
    printf("Result = %lf\n", result);
    return 0;
}

double calculate(int i) {
    if (i == 1) {
        return 0.5;
    }
    else {
        return (double)i / (i + 1) + calculate(i - 1);
    }
}
```

输入：
Please enter a number: 8

运行结果：
Result = 6.171032

实验案例 4-5：股价

【要求】

编写程序，读取用户输入的一只股票的当前价格、每日涨幅（百分比）、交易日数。通过设计用户自定义函数，以及直接使用库函数 pow 幂函数，分别计算该只股票在当前价格及指定每日涨幅的条件下，经过指定交易日数后的未来价格。

【解答】

```
//Exercise4_5
#include <stdio.h>
#include <math.h>

double getFuturePrice(double price, double rate, int day);

int main() {
    double price, rate;
    int day;
    double future1, future2;
```

```
    printf("Please enter current price: ");
    scanf("%lf", &price);
    printf("Please enter increase rate (%%): ");
    scanf("%lf", &rate);
    printf("Please enter days of increase: ");
    scanf("%d", &day);

    future1 = getFuturePrice(price, rate, day);
    printf("User-defined function: Future price = %lf\n", future1);

    future2 = price * pow(1 + rate/100, day);
    printf("Library function: Future price = %lf\n", future2);

    return 0;
}

double getFuturePrice(double price, double rate, int day) {
    double future = price;
    int i;
    for(i = 1; i <= day; i++) {
        future = future * (1 + rate/100);
    }
    return future;
}
```

输入：
Please enter current price: 28.5
Please enter increase rate (%): 2.3
Please enter days of increase: 5

运行结果：
User-defined function: Future price = 31.931773
Library function: Future price = 31.931773

# 第 5 章　数　组

## 5.1　一维数组

　　假设在经过一次期中考试后，老师需要将班里 50 位学生的成绩记录下来，在需要访问的时候将成绩依次输出。那么，如何用 C 语言实现类似的操作呢？我们可能会想到，建立 50 个不同的 float 型变量，用一个冗长烦琐的输入函数进行输入储存，例如 scanf("%f%f…%f",&a1,&a2,…,&a50)，在输出时也需要很长的 printf 函数语句。这样编写代码费时费力，代码也不美观，在大型工程中使用价值不高。那么我们需要一种新的语法，来满足处理多个同类数据的需求，这里我们引入数组（array）的概念。

　　数组是将若干相同数据类型的数据有序组织形成一串序列的组合数据类型。这个数据组合拥有自己的名称，可以通过该名称和对应的下标来对数组中的任何一个数据进行访问。

　　定义数组的语法如下：

```
// 语法
dataType arrayName[arrayLength];

// 举例
int a[5];
double b[10];
```

　　我们通常用数据类型、数组名与中括号来定义一个新的数组，数组名也遵循变量的命名规范。定义新数组时中括号内的正整数常量是该数组的容量，也叫数组的长度，即该数组最多可以包含多少个同类型的数据。需要注意的是，在早期的 C 语言标准中，数组长度必须在定义时确定，一经定义就不可改变。数组所包含的每个"变量"是该数组的元素（element），每个元素都有其对应的下标（index），下标为从 0 开始到数组长度减 1 截止的自然数序列。

例如，数组 a[5] 的 5 个元素：

| a[0] | a[1] | a[2] | a[3] | a[4] |
|------|------|------|------|------|

在 C 语言中，数组元素在内存中是连续存放的，数组占用的空间是其所有元素占用的空间总和。我们可以将数组看作是一整块变量，数组名就是这一整块变量的名字。数组名本身是不存储该数组类型数据的，它只是作为数组的地址而存在。

数组是不允许进行整体的算术运算操作的，如上例中定义的数组 a 和数组 b，不能出现 "a + b" 这种操作。我们可以通过 "arrayName[index]" 表示单个元素，这种形式与普通的变量在应用中完全相同，即可以同样进行赋值、加减乘除等运算，如 "int c = a[2] + 3;"。我们对中括号内的下标也可以进行运算操作，如 "a[1 + 2]" 等同于 "a[3]"。

定义数组时，可以同时进行初始化。这种情形下，可以对所有元素进行整体初始化。并且，未完全初始化的元素将自动取默认值 0（数值型则为数值 0；字符型则为字符 '\0'）。另外，在定义且同时初始化时，若未指定数组的长度，则其长度由所提供的初始化元素个数确定。例如：

```
// 初始化所有元素
int a[5] = {1,2,3,4,5};
// 初始化部分元素
int b[5] = {1,2,3};
// 初始化所有元素为 0
int c[5] = {0};
// 在没有数组长度的情况下初始化
int d[] = {1,2,3,4,5,6};
```

元素整体初始化的语法只能在定义中使用。如果在定义之后再进行，则会出现编译错误，这在语法上是不允许的。从语法而言，数组名代表着数组的起始地址，它是一个地址类型的常量。常量是不能用赋值符 = 进行重新赋值的。例如：

```
// 错误示例
#include <stdio.h>

int main(){
    int a[5], b[5];
    a = {1,2,3,4,5};    // 语法错误
    b[5] = {1,2,3,4,5}; // 语法错误
    return 0;
}
```

　　数组的下标是连续的，因此可以简便地采用循环结构对数组元素进行遍历。在例 5-1 中，程序让用户输入数组的 5 个元素，然后将其输出。

```
//Example5_1
#include <stdio.h>

int main() {
    int a[5], i;
    printf("Please enter 5 integers:\n");
    for(i = 0; i < 5; i++) {
        scanf("%d", &a[i]);
    }
    printf("Array elements:\n");
    for(i = 0; i < 5; i++) {
        printf("%d ", a[i]);
    }
    return 0;
}
```

输入：
Please enter 5 integers:
1  7  3  9  4

运行结果：
Array elements:
1  7  3  9  4

　　C 语言的编译器在数组下标越界时是没有报错的，因此在使用数组时我们要格外小心，自己检查数组的下标是否越界。数组下标的范围是 0 到 "arrayLength-1"，我们通常使用 sizeof(arrayName)/sizeof(dataType) 或者 sizeof(arrayName)/sizeof(arrayName[0]) 来获取数组长度。前半部分 sizeof(arrayName) 获得的是数组所有元素所占的字节数，

后半部分获得的是该数据类型或者数组的第一个元素所占的字节数。

例 5-2 中将数组 a 的元素赋给数组 b，出现了数组下标越界的问题。

```
//Example5_2
#include <stdio.h>

int main() {
    int a[5] = {1, 2, 3, 4, 5};
    int b[4];
    int i, lenA, lenB;
    lenA = sizeof(a) / sizeof(a[0]); // 获取数组的长度
    lenB = sizeof(b) / sizeof(int);  // 获取数组的长度
    printf("Length of array a: %d\n", lenA);
    printf("Length of array b: %d\n", lenB);
    for(i = 0; i < lenA; i++) { // 最后一次循环造成数组 b 下标越界
        b[i] = a[i];
    }
    for(i = 0; i < lenB; i++) {
        printf("b[%d] = %d\n", i, b[i]);
    }
    return 0;
}
```

运行结果：
Length of array a: 5
Length of array b: 4
b[0] = 1
b[1] = 2
b[2] = 3
b[3] = 4

C 语言编译器不进行下标越界检查，所以即便越界了，一般也没有任何异常。就如上例所示，执行结果也正确。但是，下标越界说明非法访问了内存区域，有时候会造成影响。此外，数组使用前常用 sizeof 来获取数组的长度赋予某个变量（如 lenA、lenB），后文用该变量来表示长度，这是一种提高代码灵活性、普适性的考虑。试想，倘若不使用 sizeof 而是直接用长度值代替，那么当需求改变要调整数组长度时，用户就需要去调整代码中所有的长度值。但是，sizeof 方式下，它会自动计算获取新数组的长度，基本不需要用户做任何的调整。

在掌握了数组的基础知识后，我们可以尝试将数组与之前学过的知识相结合来解决一些具体问题。假设老师需要将班级中 20 个学生的成绩进行记录，并将成绩按照从高到低排序输出。例 5-3 是一种实现的方法。

```
//Example5_3
#include <stdio.h>

int main() {
    float score[20];
    int i, j, temp;
    printf("Please enter the scores: \n");
    for(i = 0; i < 20; i++) {         // 使用循环向数组中输入数据
        scanf("%f", &score[i]);
    }
    for(i = 0; i < 19; i++) {         // 起泡法排序
        for(j = 0; j < 19 - i; j++) {
            if(score[j] < score[j+1]) {
                temp = score[j];
                score[j] = score[j+1];
                score[j+1] = temp;
            }// 比较相邻两个数据 , 把更小的数放在后面
        }
    }
    printf("The scores from high to low:\n");
    for(i = 0; i < 20; i++){
        printf("%.2f ", score[i]);
    }
    return 0;
}
```

输入 :
Please enter the scores:
78 97 68 66 87 86.5 99.5 89 89 89.5 92.5 91 91 79 81 83 83.5 77 94 94.5

运行结果 :
The scores from high to low:
99.50  97.00  94.50  94.00  92.00  91.00  91.00  89.00  89.00  89.00  87.00  86.00  83.00
83.00  81.00  79.00  78.00  77.00  68.00  66.00

在上例中，难点在于如何将数组中的数据按大小排序。在没有学习数组之前想要排序，可能需要写很多个 if-else 语句进行比较，这个任务量想想就令人困扰。数组的应用使得更简洁的代码成为可能。

这个例子中我们使用的是起泡法排序：在内层循环中，相邻的两个数据相互比较，把大的数放到前面的位置，小的数放到后面的位置，这样经过整个内部循环后会把经历过这个操作的数据中最小的一个放到这堆数的末尾位置，$n$ 个数需要比较 $n-1$ 次；这个内部循环需要进行 $n-1$ 趟，在经过第一趟的内部循环后，最小的数已经被抛到了尾部，那么下一趟只需要处理 $n-1$ 个数据即可, 同理第二趟把 $n-1$

个数据中最小的一个挪到了 $n-1$ 个数据的末尾（即把 $n$ 个数据中第二小的数放在了数组末尾倒数第二个位置），这样进行 $n-1$ 趟后，整个数据就按照从大到小排序了。把数组想象成纵向的，数组首在下部，尾在上部，那么这个过程就像起泡一样，在每趟循环中，小的数就像更轻的气泡向上飘，大的数则沉下去。

为了简洁，我们以"4、5、2、1、3"这五个数字为例用起泡法按从大到小排序。

4 比 5 小，交换 4 和 5 的位置：

| | | | | |
|---|---|---|---|---|
| 4 | 5 | 2 | 1 | 3 |

4 比 2 大，不交换：

| | | | | |
|---|---|---|---|---|
| 5 | 4 | 2 | 1 | 3 |

2 比 1 大，不交换：

| | | | | |
|---|---|---|---|---|
| 5 | 4 | 2 | 1 | 3 |

1 比 3 小，交换 1 和 3 的位置：

| | | | | |
|---|---|---|---|---|
| 5 | 4 | 2 | 1 | 3 |

经过第一趟内层循环后，最小的数 1 已经被排到了最后的位置：

| | | | | |
|---|---|---|---|---|
| 5 | 4 | 2 | 3 | 1 |

第二趟循环中，只找到 2 比 3 小，交换 2 和 3 的位置：

| | | | | |
|---|---|---|---|---|
| 5 | 4 | 2 | 3 | 1 |

在第二趟循环只处理左边的 4 个数据,这样把这四个数中最小的 2 排到了末尾：

| | | | | |
|---|---|---|---|---|
| 5 | 4 | 3 | 2 | 1 |

同理，可继续第三趟甚至第四趟循环，最终完成了从大到小排序：

| 5 | 4 | 3 | 2 | 1 |
|---|---|---|---|---|

我们再来看另一个应用一维数组的例子。提示用户输入 10 个字符，计数其中有多少个大写字母、多少个小写字母。如例 5-4：

```
//Example5_4
#include <stdio.h>

int main() {
    char a[10];
    int i, num_A = 0, num_a = 0;
    printf("Please enter 10 characters:\n");
    for(i = 0; i < 10; i++) {
        scanf("%c", &a[i]);
    }
    for(i = 0; i < 10; i++) {
        if(a[i] >= 'A' && a[i] <= 'Z') {
            num_A++;
        }
        if(a[i] >= 'a' && a[i] <= 'z') {
            num_a++;
        }
    }
    printf("Uppercase: %d\nLowercase: %d\n", num_A, num_a);
    return 0;
}
```

输入：
Please enter 10 characters:
a$dFG12rPp

运行结果：
Uppercase: 3
Lowercase: 4

我们可以利用循环来依次检查数组中存储的数据，使用条件语句 if 判断，当遇到大写字母字符时，大写字母计数变量加 1，当遇到小写字母字符时，小写字母计数变量加 1。注意计数变量要初始化为 0。这样依次检查后就可以得到计数数据。

## 5.2    二维数组及多维数组

一维数组可以存储多个同类型的数据，但现实生活中许多信息是二维甚至多维的。例如，我们能不能把平面图形的每个像素点信息存储在一个对应的数组中呢？通过使用二维数组就可以解决这个问题。接下来介绍二维数组及多维数组的语法和应用。

### 5.2.1    二维数组

二维数组的定义与一维数组基本类似。不同的是，二维数组名后面有两个中括号，靠左边的是高维，可以认为是一个阵列中的行数，靠右边的是低维，可以认为是阵列中的列数。"int a[3][4];"表示定义了一个 3 行 ×4 列的存储整数型数据的二维数组。

```
// 语法
dataType arrayName[row][col];

// 举例
int a[3][4];
```

为了便于理解，也可以将二维数组看作是一个有着特殊"元素"的一维数组，这个"元素"就是一个正常的一维数组，如图 5-1 所示，数组 a[3][4] 可以看作一个含有三个"元素"的"一维数组"，每个"元素"是数组长度为 4 的一维数组。

$$a[3][4] \left\{ \begin{array}{l} a[0] \ — \ a[0][0] \ a[0][1] \ a[0][2] \ a[0][3] \\ a[1] \ — \ a[1][0] \ a[1][1] \ a[1][2] \ a[1][3] \\ a[2] \ — \ a[2][0] \ a[2][1] \ a[2][2] \ a[2][3] \end{array} \right.$$

图 5-1    数组 a[3][4]

然而在计算机内存中，并不是按照阵列的形式存储数据。二维数组的数据是按照一维数组线性存储的。数组 a[3][4] 在内存中的存储方式如图 5-2 所示，先按行再按列依次存储数组中所有的数据。

二维数组的初始化也与一维数组类似，以 a[3][4] 为例：

如果定义时初始化所有的元素，则可以采用以下四种不同的方式：

| | | |
|---|---|---|
| 0x0012FF7C | a[2][3] | |
| 0x0012FF78 | a[2][2] | |
| 0x0012FF74 | a[2][1] | |
| 0x0012FF70 | a[2][0] | a[2] |
| 0x0012FF6C | a[1][3] | |
| 0x0012FF68 | a[1][2] | |
| 0x0012FF64 | a[1][1] | |
| 0x0012FF60 | a[1][0] | a[1] |
| 0x0012FF5C | a[0][3] | |
| 0x0012FF58 | a[0][2] | |
| 0x0012FF54 | a[0][1] | |
| 0x0012FF50 | a[0][0] | a[0] |

**图 5–2 数组 a[3][4] 在内存中的存储方式**

```
// 按行初始化
int a[3][4] = {{1,2,3,4},{5,6,7,8},{9,10,11,12}};
// 按在内存中的顺序初始化
int a[3][4] = {1,2,3,4,5,6,7,8,9,10,11,12};
// 没有给出行数的初始化
int a[][4]  = {1,2,3,4,5,6,7,8,9,10,11,12};
// 没有给出行数的初始化
int a[][4]  = {{1,2,3,4},{5,6,7,8},{9,10,11,12}};
```

这四种初始化的结果都相同。与一维数组初始化类似，初始化数据用大括号括起来，在全部元素初始化时，可以在内部用大括号区分不同的行，也可以省去内部的大括号。需要注意的是，二维数组定义初始化时，可以不给出行数，而由初始化的数据多少决定行数。但是一定要给出列数，否则会出现编译错误。

如果只是初始化部分元素，则会把初始值先赋给位置靠前的元素，未被初始化的元素取默认值 0：

```
int a[][4] = {{0,0,3},{},{0,10}};
```

| | | | |
|---|---|---|---|
| 0 | 0 | 3 | 0 |
| 0 | 0 | 0 | 0 |
| 0 | 10 | 0 | 0 |

int a[3][4] = {{2},{},{9}};

| 2 | 0 | 0 | 0 |
|---|---|---|---|
| 0 | 0 | 0 | 0 |
| 9 | 0 | 0 | 0 |

int a[3][4] = {{1,3},{5}};

| 1 | 3 | 0 | 0 |
|---|---|---|---|
| 5 | 0 | 0 | 0 |
| 0 | 0 | 0 | 0 |

与一维数组类似，我们也可以用 sizeof 来获取二维数组的容量、行数、列数等信息。如例 5-5 所示。

```
//Example5_5
#include <stdio.h>

int main() {
    int a[3][4] = {{2}, {}, {9}};
    printf("Elements: %d\n", sizeof(a) / sizeof(a[0][0]));
    printf("Rows: %d\n", sizeof(a) / sizeof(a[0]));
    printf("Columns: %d\n", sizeof(a[0]) / sizeof(a[0][0]));
    return 0;
}
```
运行结果：
Elements: 12
Rows: 3
Columns: 4

其中，sizeof(a) 获得的是整个二维数组所占的字节数，sizeof(a[0]) 获得的是这个二维数组 a[0] 所代表的一行所有元素所占的字节数，sizeof(a[0][0]) 获得的是这个二维数组第一个元素所占的字节数。

使用循环语句，可以很便捷地访问二维数组中的每个元素。在例 5-6 中，我们使用初始化在二维数组中存入一个菱形，通过调用两层循环就可以在屏幕上输出这个图形。

```
//Example5_6
#include <stdio.h>

int main() {
    int i, j;
    char a[][5] = {{' ',' ','*',' ',' '},
                   {' ','*','*','*',' '},
                   {'*','*','*','*','*'},
                   {' ','*','*','*',' '},
                   {' ',' ','*',' ',' '}};
    for(i = 0; i < 5; i++) {
        for(j = 0; j < 5; j++) {
            printf("%c", a[i][j]);
        }
        printf("\n");
    }
    return 0;
}
```

运行结果:
```
  *
 ***
*****
 ***
  *
```

　　为了进一步熟悉循环语句和二维数组结合的用法，我们这里来应用 C 语言解决一些有关矩阵计算的问题。

　　先来分析简单的矩阵转置。由于数组的长度是由整数常量定义的，为了方便修改代码使得其应用于不同大小的矩阵，我们预定义了 ROW 和 COL 两个符号常量来指定二维数组的行数和列数。以 $3 \times 4$ 矩阵为例，转置可以定义一个新的二维数组 b[COL][ROW]，在内层循环中赋值使得 b[i][j] = a[j][i]，最后输出 b 中的元素即可。另外，根据转置的性质，也可以直接按列来输出数组 a 的元素。例 5-7 中是后一种方法。

```
//Example5_7
#include <stdio.h>
#define ROW 3
#define COL 4

int main() {
    int i, j;
```

```
    int a[ROW][COL], temp;
    printf("Please enter matrix a:\n");
    for(i = 0; i < ROW; i++) {
        for(j = 0; j < COL; j++) {
            scanf("%d", &a[i][j]);
        }
    }
    printf("\nMatrix a:\n");
    for(i = 0; i < ROW; i++) {
        for(j = 0; j < COL; j++) {
            printf("%d\t", a[i][j]);
        }
        printf("\n");
    }
    printf("\nTransposed matrix of a:\n");
    for(i = 0; i < COL; i++) {
        for(j = 0; j < ROW; j++) {
            printf("%d\t", a[j][i]);
        }
        printf("\n");
    }
    return 0;
}
```

输入：
Please enter matrix a:
```
5    2    8    1
9    4    5    0
6    8    3    2
```

运行结果：
Matrix a:
```
5         2         8         1
9         4         5         0
6         8         3         2
```

Transposed matrix of a:
```
5         9         6
2         4         8
8         5         3
1         0         2
```

　　再来尝试矩阵乘法的程序实现。例 5-8 中，两个维度相同的 $3 \times 3$ 矩阵相乘，需要建立一个新的 $3 \times 3$ 矩阵来存储乘积的结果。按照矩阵乘法公式，乘积结果矩阵第 i 行第 j 列的元素是左侧矩阵第 i 行元素与右侧矩阵第 j 列元素的对应乘积的和。为了将这个乘积和赋值给 c[i][j]，需要在原有的两层循环内再添加一层循环计算乘积和，需要注意的是内层循环中同样不能忘记每次开始要将 k 和 sum 变量初始化为 0。

```c
//Example5_8
#include <stdio.h>

#define ROW 3
#define COL 3

int main() {
    int i, j, k;
    int a[ROW][COL], b[ROW][COL], c[ROW][COL], sum;

    printf("Please enter matrix A:\n");
    for(i = 0; i < ROW; i++) {
        for(j = 0; j < COL; j++) {
            scanf("%d", &a[i][j]);
        }
    }
    printf("Please enter matrix B:\n");
    for(i = 0; i < ROW; i++) {
        for(j = 0; j < COL; j++) {
            scanf("%d", &b[i][j]);
        }
    }
    for(i = 0; i < ROW; i++) {
        for(j = 0; j < COL; j++) {
            k = 0;
            sum = 0;
            while(k < ROW) {
                sum = sum + a[i][k] * b[k][j];
                k++;
            }
            c[i][j] = sum;
        }
    }
    printf("Outcome matrix:\n");
    for(i = 0; i < ROW; i++) {
        for(j = 0; j < COL; j++) {
            printf("%d\t", c[i][j]);
        }
        printf("\n");
    }
    return 0;
}
```

输入：
Please enter matrix A:

```
1   2   3
4   5   6
7   8   9
Please enter matrix B:
1   2   1
2   1   2
3   2   3

运行结果：
Outcome matrix:
14          10          14
32          25          32
50          40          50
```

### 5.2.2  多维数组

多维数组的定义也与二维数组类似，有多少维就在数组名后加多少个中括号来定义各个维的长度。初始化时也是通过多个大括号进行嵌套。为了便于理解，我们举一个三维数组的例子，定义数组"char book[page][row][column]"，可以把它看作一本书，book[15][5][3] 就是书中第 16 页第 6 行第 4 列的字符（数组下标由 0 开始）。

```
// 语法
dataType arrayName[len1][len2][len3];

// 举例
char a[2][3][4];

// 初始化语法
dataType arrayName[len1][len2][len3] = {{{…},{…}},{…},…};

// 举例
int a[2][3][4] = {1,2,3,4,5,6,7,8,9};
```

与二维数组相同，多维数组在内存中也是线性存储的。以数组 a[2][3][4] 为例，它在内存中实际存储顺序如图 5-3 所示。

例 5-9 对一个三维数组进行了简单的应用：

$$a[0][0][0] \rightarrow a[0][0][1] \rightarrow a[0][0][2] \rightarrow a[0][0][3]$$
$$\rightarrow a[0][1][0] \rightarrow a[0][1][1] \rightarrow a[0][1][2] \rightarrow a[0][1][3]$$
$$\rightarrow a[0][2][0] \rightarrow a[0][2][1] \rightarrow a[0][2][2] \rightarrow a[0][2][3]$$
$$\rightarrow a[1][0][0] \rightarrow a[1][0][1] \rightarrow a[1][0][2] \rightarrow a[1][0][3]$$
$$\rightarrow a[1][1][0] \rightarrow a[1][1][1] \rightarrow a[1][1][2] \rightarrow a[1][1][3]$$
$$\rightarrow a[1][2][0] \rightarrow a[1][2][1] \rightarrow a[1][2][2] \rightarrow a[1][2][3]$$

图 5-3　数组 a[2][3][4] 在内存中的存储顺序

```
//Example5_9
#include <stdio.h>

int main() {
    int a[2][3][4] = {{{1,2,3}, {4,5,6}, {7,8}}, {9,8,7}};
    int i, j, k;
    for(i = 0; i < 2; i++) {
        for(j = 0; j < 3; j++) {
            for(k = 0; k < 4; k++) {
                printf("%d ", a[i][j][k]);
            }
            printf("\n");
        }
        printf("\n");
    }
    return 0;
}
```

```
运行结果：
1  2  3  0
4  5  6  0
7  8  0  0

9  8  7  0
0  0  0  0
0  0  0  0
```

## 5.3　数组与函数

通过使用循环语句和数组的结合，我们已经能够处理一些简单的实际问题。观察之前几个例子的代码，我们发现二维数组的赋值和输出都需要调用两层循环，对数组中每个元素进行操作时也需要多重循环，这样就使主函数显得比较冗长。我们可以应用第 4 章函数的思想，将数组与函数进行结合，进行模块化编程提高编程效率，使代码更加简洁美观。

　　C 语言中，将一个数组作为参数传入函数，并不需要将每个元素依次传入，只需要传数组的地址即可。之前提到，数组名实际上表示的是一个地址常量（后续章节会详细讲解地址、指针相关知识），也就是我们需要传入的指针。一般而言，我们同时会传入数组的长度，方便在函数中的后续操作。如例 5-10 所示。

```
//Example5_10
#include <stdio.h>

void printArray(int a[], int len);

int main() {
    int test[] = {1,2,3,4,5,6,7,8};
    int len = sizeof(test) / sizeof(test[0]);
    printArray(test, len);
    return 0;
}

void printArray(int a[], int len) {
    int i;
    for(i = 0; i < len; i++) {
        printf("%d ", a[i]);
    }
}
```

运行结果：
1  2  3  4  5  6  7  8

　　如前文所述，既然我们可以用 sizeof 结合函数名来计算函数的长度，那为什么不索性在被调函数接收函数名参数后计算出来，而是要在 main 函数中计算出数组长度再传给被调函数？我们通过例 5-10 和例 5-11 的运行结果比较来说明。

```
//Example5_11
#include <stdio.h>

void printArray(int a[]);

int main() {
```

```
    int test[] = {1,2,3,4,5,6,7,8};
    printArray(test);
    return 0;
}

void printArray(int a[]) {
    int i;
    int len = sizeof(a) / sizeof(a[0]);
    for(i = 0; i < len; i++) {
        printf("%d ", a[i]);
    }
    printf("\nlen = %d", len);
}
```

运行结果：
1   2
len = 2

同样的数组传入函数，例 5-11 中却只输出了前两个元素，说明此处获取数组长度出了问题。我们发现，在例 5-10 的 main 函数中，sizeof(test)/sizeof(test[0]) = 32/4 = 8，这是数组的实际长度。但在例 5-11 的 printArray 函数中，根据运行结果推测，sizeof(a)/sizeof(a[0]) = 2。这是因为，数组作为函数参数被传递时，只是传递数组所在的起始地址，所以在 printArray 函数中接收到的 a 是个地址（占用 8 个字节）。最终，sizeof(a)/sizeof(a[0]) = 8/4 = 2。

作为函数和数组结合的练习，读者可以尝试将之前学习的起泡排序法用函数的形式写出来。例 5-12 是参考代码。

```
//Example5_12
#include <stdio.h>

void printArray(int a[], int len);
void bubble(int a[], int len);

int main() {
    int a[] = {2,1,5,4,7,3,8,6};
    int len = sizeof(a) / sizeof(a[0]);
    bubble(a, len);
    printf("After sorting:\n");
    printArray(a, len);
    return 0;
}
```

```
void printArray(int a[], int len) {
    int i;
    for(i = 0; i < len; i++) {
        printf("%d ", a[i]);
    }
}

void bubble(int a[], int len) {
    int i, j, temp;
    for(i = 0; i < len−1; i++) {
        for(j = 0; j < len−i−1; j++) {
            if(a[j] < a[j+1]) {
                temp = a[j];
                a[j] = a[j+1];
                a[j+1] = temp;
            }
        }
    }
}
```

运行结果：
After sorting:
8  7  6  5  4  3  2  1

二维数组与函数结合应用也非常广泛，数组传入函数的方式也与一维数组类似，不过在传数组时有需要特别注意的方面。以下的例子将二维数组传入函数，并在函数内计算所有元素之和。

```
// 错误示例 1
#include <stdio.h>

int arraySum(int a[][], int m, int n);

int main() {
    int a[3][4] = {{1, 2, 3, 4}, {5, 6, 7, 8}, {9, 10, 11, 12}};
    int row = sizeof(a) / sizeof(a[0]);
    int col = sizeof(a[0]) / sizeof(a[0][0]);
    printf("Sum = %d\n", arraySum(a, row, col));
    return 0;
}

int arraySum(int a[][], int m, int n) {
    int i, j, sum = 0;
    for(i = 0; i < m; i++) {
        for(j = 0; j < n; j++) {
```

```
            sum += a[i][j];
        }
    }
    return sum;
}
```

运行结果:

编译错误:

[Error] array type has incomplete element type

```
// 错误示例 2
#include <stdio.h>

int arraySum(int a[3][], int m, int n);

int main() {
    int a[3][4] = {{1, 2, 3, 4}, {5, 6, 7, 8}, {9, 10, 11, 12}};
    int row = sizeof(a) / sizeof(a[0]);
    int col = sizeof(a[0]) / sizeof(a[0][0]);
    printf("Sum = %d\n", arraySum(a, row, col));
    return 0;
}

int arraySum(int a[3][], int m, int n) {
    int i, j, sum = 0;
    for(i = 0; i < m; i++) {
        for(j = 0; j < n; j++) {
            sum += a[i][j];
        }
    }
    return sum;
}
```

运行结果:

编译报错:

[Error] array type has incomplete element type

```
//Example5_13
#include <stdio.h>

int arraySum(int a[][4], int m, int n);

int main() {
    int a[3][4] = {{1, 2, 3, 4}, {5, 6, 7, 8}, {9, 10, 11, 12}};
    int row = sizeof(a) / sizeof(a[0]);
    int col = sizeof(a[0]) / sizeof(a[0][0]);
```

```
    printf("Sum = %d\n", arraySum(a, row, col));
    return 0;
}

int arraySum(int a[][4], int m, int n) {
    int i, j, sum = 0;
    for(i = 0; i < m; i++) {
        for(j = 0; j < n; j++) {
            sum += a[i][j];
        }
    }
    return sum;
}
```

运行结果：
Sum = 78

我们发现，传入函数的数组写作"a[][]"或"a[3][]"都会编译报错，只有例5–13中传入"a[][4]"通过了编译并成功运行。其中原理与C语言编译器的寻址方式有关。在内存中，二维数组的数据也是线性（一维）存储的，且所传入的函数参数只是数组的起始地址（首元素的地址）。所以，必须有合理的寻址方式定位到每一个元素所在的地址。对于一个二维数组 a[m][n] 而言，它的其中一个元素 a[i][j] 的地址为：p+i*n+j。其中，p 为二维数组的起始地址。从该算式可知，n（二维数组的列数）是不可或缺的，这也就解释了上述例子编译出错的原因。总之，切记在二维数组与函数结合使用时，行数可以不提供，但列数必须确定，形如"a[][4]"或"a[3][4]"。

应用刚才所学的知识，将矩阵乘法用函数的形式表现出来（例5–14）。

```
//Example5_14
#include <stdio.h>

#define ROW 3
#define COL 3

void scanArray(int a[][COL], int row, int col);
void printArray(int a[][COL], int row, int col);
void multiply(int a[][COL], int b[][COL], int c[][COL], int row, int col);

int main() {
    int a[ROW][COL], b[ROW][COL], c[ROW][COL], d[ROW][COL];
```

```
        printf("Please enter matrix a:\n");
        scanArray(a, ROW, COL);
        printf("Please enter matrix b:\n");
        scanArray(b, ROW, COL);

        multiply(a, b, c, ROW, COL);
        printf("a x b:\n");
        printArray(c, ROW, COL);

        multiply(b, a, d, ROW, COL);
        printf("b x a:\n");
        printArray(d, ROW, COL);

        return 0;
}

void scanArray(int a[][COL], int row, int col) {
        int i, j;
        for(i = 0; i < row; i++) {
                for(j = 0; j < col; j++) {
                        scanf("%d", &a[i][j]);
                }
        }
}

void printArray(int a[][COL], int row, int col) {
        int i, j;
        for(i = 0; i < row; i++) {
                for(j = 0; j < col; j++) {
                        printf("%d\t", a[i][j]);
                }
                printf("\n");
        }
}

void multiply(int a[][COL], int b[][COL], int c[][COL], int row, int col) {
        int i, j, k;
        int sum;
        for(i = 0; i < row; i++) {
                for(j = 0; j < col; j++) {
                        k = 0;
                        sum = 0;
                        while(k < row) {
                                sum = sum + a[i][k] * b[k][j];
                                k++;
                        }
                        c[i][j] = sum;
                }
```

```
      }
}
```
输入：
Please enter matrix a:
1    2    3
3    2    1
1    0    1
Please enter matrix b:
3    4    5
5    4    3
2    1    2

运行结果：
a × b:
19          15          17
21          21          23
5           5           7
b × a:
20          14          18
20          18          22
7           6           9

使用矩阵乘法函数后，矩阵相乘都只需要一行调用函数的语句就可以解决，代码变得更加简洁实用，结构变得更加清晰。

## 5.4　可变长度数组

早期的 C 语言标准规定数组的长度只能是正整数常量，在定义数组时就已经确定。这种情形下，如果数组长度无法事先确定，但又必须使用数组，常见的解决方案便是申请一个"足够大"的数组以确保长度充足。但不可避免的，数组空间肯定未尽其用，会有空间浪费。例如，设计一个程序提示用户输入一串字符，末尾敲回车键完成输入，字符存放于数组当中，然后输出这串字符。用户会输入多少个字符我们事先无法知道，不能精确地申请对应长度的数组。不妨假定用户一般不会输入超过 100 个字符,那么我们定义一个长度为 100 的数组则基本足够了。

这种申请更大长度数组的方法是一种解决方案，不过其缺点是会浪费较多内存。那么我们能否申请可变长度的数组呢？在 C99 标准之后，定义可变长度数组可以实现了。如例 5-15 所示。

```
//Example5_15
#include <stdio.h>

    int main() {
    int n;
    printf("Please enter array length: ");
    scanf("%d", &n);
    int i, a[n];
    for(i = 0; i < n; i++) {
        printf("Please enter element a[%d]: ", i);
        scanf("%d", &a[i]);
    }
    for(i = 0; i < n; i++) {
        printf("a[%d] = %d\n", i, a[i]);
    }
    return 0;
}
```

运行结果：
Please enter array length: 8
Please enter element a[0]: 6
Please enter element a[1]: 0
Please enter element a[2]: 4
Please enter element a[3]: 7
Please enter element a[4]: 1
Please enter element a[5]: 9
Please enter element a[6]: 2
Please enter element a[7]: 8
a[0] = 6
a[1] = 0
a[2] = 4
a[3] = 7
a[4] = 1
a[5] = 9
a[6] = 2
a[7] = 8

可变长度的二维数组的定义也相同，如例 5–16 所示。

```
//Example5_16
#include <stdio.h>

int main() {
int m, n;
    printf("Please enter row count: ");
    scanf("%d", &m);
    printf("Please enter column count: ");
```

```
    scanf("%d", &n);
    int i, j, a[m][n];
    for(i = 0; i < m; i++) {
        for(j = 0; j < n; j++) {
            printf("Please enter element a[%d][%d]: ", i, j);
            scanf("%d", &a[i][j]);
        }
    }
    printf("Array elements:\n");
    for(i = 0; i < m; i++) {
        for(j = 0; j < n; j++) {
            printf("%d\t", a[i][j]);
        }
        printf("\n");
    }
    return 0;
}
```

输入：

Please enter row count: 3
Please enter column count: 4
Please enter element a[0][0]: 1
Please enter element a[0][1]: 2
Please enter element a[0][2]: 3
Please enter element a[0][3]: 4
Please enter element a[1][0]: 5
Please enter element a[1][1]: 6
Please enter element a[1][2]: 7
Please enter element a[1][3]: 8
Please enter element a[2][0]: 9
Please enter element a[2][1]: 10
Please enter element a[2][2]: 11
Please enter element a[2][3]: 12

运行结果：

Array elements:
1    2    3    4
5    6    7    8
9    10   11   12

读者在后续章节学习指针相关知识后，会了解到还有另一种动态申请数组的方式：动态内存分配。例 5-17 中，利用 malloc 函数申请 *n* 个 int 类型大小的内存空间，然后返回空间的起始地址并赋值给 a。某种程度上，a 对应的空间就类似于一个长度为 *n* 的数组。注意，malloc 函数需要头文件 <stdlib.h>。

```
//Example5_17
#include <stdio.h>
#include <stdlib.h>

int main() {
    int n, i;
    printf("Please enter length: ");
    scanf("%d", &n);
    int *a = (int*) malloc(sizeof(int) * n); // 动态申请内存空间
    printf("Please enter elements: ");
    for(i = 0; i < n; i++) {
        scanf("%d", a+i); //a+i 代表每一个元素的地址
    }
    printf("Elements:\n");
    for(i = 0; i < n; i++) {
        printf("%d ", *(a+i)); //*(a+i) 代表每一个元素的值
    }
    printf("\n");
    return 0;
}
```

输入：
Please enter length: 6
Please enter elements: 67    84    57    91    24    68

运行结果：
Elements:
67    84    57    91    24    68

# 实 验 案 例

实验案例 5-1：进制转换

【要求】

编写程序，读取用户输入的一个十进制正整数，转换并输出其对应的二进制数。

【解答】

```
//Exercise5_1
#include <stdio.h>

int main() {
    int i = 0, n, a[32];
    printf("Please enter a number (Decimal): ");
```

```
    scanf("%d", &n);
    while (n > 0) {
        a[i] = n % 2;
        i = i + 1;
        n = n / 2;
    }
    printf("The number (Binary): ");
    for (i--; i >= 0; i--) {
        printf("%d", a[i]);
    }
    printf("\n");
    return 0;
}
```

输入：
Please enter a number (Decimal): 9

运行结果：
The number (Binary): 1001

实验案例 5-2：矩阵运算

【要求】

编写程序，读取用户输入的两个 3×4（3 行 4 列）矩阵，计算并输出两个矩阵相加的结果矩阵。

【解答】

```
//Exercise5_2
#include <stdio.h>

int main() {
    int i, j, row = 3, col = 4;
    int a[row][col], b[row][col], c[row][col];

    printf("Please enter matrix A (3 × 4):\n");
    for(i = 0; i < row; i++) {
        for(j = 0; j < col; j++) {
            printf("A[%d][%d] = ", i, j);
            scanf("%d", &a[i][j]);
        }
    }
    printf("\nPlease enter matrix B (3 × 4):\n");
    for(i = 0; i < row; i++) {
        for(j = 0; j < col; j++) {
            printf("B[%d][%d] = ", i, j);
```

```
                scanf("%d", &b[i][j]);
        }
    }
    for(i = 0; i < row; i++) {
        for(j = 0; j < col; j++) {
            c[i][j] = a[i][j] + b[i][j];
        }
    }
    printf("\nThe outcome matrix:\n");
    for(i=0; i<row; i++) {
        for(j=0; j<col; j++) {
            printf("%d\t", c[i][j]);
        }
        printf("\n");
    }
    return 0;
}
```

输入：
Please enter matrix A (3 × 4):
A[0][0] = 1
A[0][1] = 3
A[0][2] = 2
A[0][3] = 7
A[1][0] = 3
A[1][1] = 5
A[1][2] = 9
A[1][3] = 2
A[2][0] = 6
A[2][1] = 8
A[2][2] = 0
A[2][3] = 2

Please enter matrix B (3 × 4):
B[0][0] = 4
B[0][1] = 7
B[0][2] = 1
B[0][3] = 8
B[1][0] = 4
B[1][1] = 9
B[1][2] = 3
B[1][3] = 2
B[2][0] = 0
B[2][1] = 8
B[2][2] = 1
B[2][3] = 4

运行结果：
The outcome matrix:

| 5 | 10 | 3 | 15 |
|---|----|---|----|
| 7 | 14 | 12 | 4 |
| 6 | 16 | 1 | 6 |

实验案例 5–3：信息加密

【要求】

编写程序，定义两个函数，其中一个对信息内容进行加密，另一个对密文进行解密还原。信息以字符串形式存放在字符数组中；加密规则可自定。

【解答】

```c
//Exercise5_3
#include <stdio.h>

void encrypt(char a[], int len);
void decrypt(char a[], int len);

int main() {
    int i, len = 0;
    char a[100] = {'\0'};
    printf("Please enter a text: ");
    for(i = 0; i < 100 && a[i-1] != '\n'; i++) {
        scanf("%c", &a[i]);
        len++;
    }
    len--;
    printf("Text after encryption: ");
    encrypt(a, len);
    for(i = 0; i < 100 && a[i-1] != '\n'; i++) {
        printf("%c", a[i]);
    }
    printf("Text after decryption: ");
    decrypt(a, len);
    for(i = 0; i < 100 && a[i-1] != '\n'; i++) {
        printf("%c", a[i]);
    }
}

void encrypt(char a[], int len) {  // 加密
    int i;
    for(i = 0; i < len; i++) {
        a[i] = a[i] - 11 + 2 * i;
```

```
        }
    }

void decrypt(char a[], int len) {  // 解密
    int i;
    for(i = 0; i < len; i++){
        a[i] = a[i] + 11 – 2 * i;
    }
}
```

输入：
Please enter a text: Mission done!

运行结果：
Text after encryption: B`lnfno#ivwp.
Text after decryption: Mission done!

实验案例 5-4：价格统计

【要求】

编写程序，读取用户输入的 N 个商品的价格（存放于一维数组中）。定义函数，以数组名及数组长度为函数参数，计算并输出商品的总价、均价、最高价、最低价。

【解答】

```
//Exercise5_4
#include <stdio.h>

void priceStats(int A[], int length);

int main() {
    int N, i;
    printf("Please enter product count: ");
    scanf("%d", &N);
    int a[N];
    printf("Please enter product prices:\n");
    for (i = 0; i < N; i++){
        scanf("%d", &a[i]);
    }
    priceStats(a, N);
    return 0;
}

void priceStats(int A[], int count) {
    int max = A[0], min = A[0], total = 0, i;
    double mean;
    for (i = 0; i < count; i++) {
```

```
        if (max < A[i]) {
            max = A[i];
        }
        if (min > A[i]) {
            min = A[i];
        }
        total += A[i];
    }
    mean = (double)total / count;
    printf("Total: %d, Mean: %lf, Max: %d, Min: %d\n", total, mean, max, min);
}
```

输入：
Please enter product count: 6
Please enter product prices:
87　69　102　55　91　88

运行结果：
Total: 492, Mean: 82.000000, Max: 102, Min: 55

# 第6章　结构体

## 6.1　结构体的基本用法

### 6.1.1　自定义数据类型

为了更好地学习结构体变量，我们首先了解自定义数据类型的概念。

在前面的章节中，我们已经学习了int、float、double、char等常见的基本数据类型。但是在编程过程中，这几种基本的数据类型很难满足我们的全部需求。例如，如果我们要存储一个学生的信息，需要同时存储该学生的姓名、学号、性别、年龄等信息；如果我们要处理平面上的点，则需要每一个点的x轴坐标与y轴坐标；如果我们要处理日期，则需要组成该日期的年、月、日。可以看出，所要操作的对象包含的信息是复合的、数据类型可能是多样的。那么仅仅依赖于某个基本数据类型，肯定无法完成。当然，我们可以基于这些基本数据类型，为每一位学生都定义一组变量。但是，这一组变量在代码里是分散的，其实并没有很好地关联起来，且这种编程方式过于低效，代码过于冗余。

为了更好地满足这类需求，C语言允许我们根据自己的需要定义新的数据类型，如本章将要介绍的结构体及后续章节介绍的共同体等类型。

### 6.1.2　结构体类型与变量

C语言中，通过不同（也可以相同）的多个基本数据类型所组合成的一个复合类型，称为结构体类型。由该结构体类型所定义的变量，称为结构体变量。值得一提的是，结构体类型只是一种类型的声明，它如同基本数据类型，本身并不占用任何内存空间。但是由该类型所定义的结构体变量，则是物理上的存在，将占据相应的内存空间。事实上，这类似于面向对象程序设计中类与对象的概念。

　　结构体与数组也存在着一定的联系。

　　相同点：结构体与数组都涵盖了多个数据，并且这些数据之间存在着特定的联系。

　　不同点：结构体既可以涵盖相同类型的多个数据，也可以涵盖不同类型的多个数据，而数组中的数据只能是相同类型的。

　　结构体类型的声明语法如下：

```
struct StructName {
    dataType member1;
    ……
    dataType memberN;
};
```

其中，struct 是声明结构体类型所需要的关键词。StructName 是结构体类型的名称，一般而言，它的命名遵循变量命名的规范，但通常首字母为大写。大括号 {} 中包含的便是该类型下的所有成员变量及其类型。切记，结构体类型的声明需要一个分号作为结束。

　　以下是几个结构体类型声明的例子：

```
struct Student { // 学生结构体类型
    char name[50]; // 字符串类型
    int ID;
    char gender;
    int age;
};
```

```
struct Point { // 坐标点结构体类型
    double x;
    double y;
};
```

```
struct Date { // 日期结构体类型
    int year;
    int month;
    int day;
};
```

声明结构体类型的下一步，一般是定义具体的结构体变量。有两种方式进行定义。

（1）声明的同时进行定义：在声明的同时，分号结束之前，罗列所要定义的结构体变量名，以逗号隔开。在这种同时声明、定义的方式下，结构体名称是可以省略的。

```
// 语法
struct StructName {
    dataType member1;
    ……
    dataType memberN;
} s1, s2, …, sn;

// 举例
struct Date {
    int year;
    int month;
    int day;
} date1, date2; //date1, date2 是 Date 类型的结构体变量

// 举例
struct { // 结构体名称可省略
    int year;
    int month;
    int day;
} date1, date2;
```

（2）声明之后再进行定义：在声明了结构体类型之后，如常规变量定义一样，用类型名称定义结构体变量。

```
// 语法
struct StructName {
    dataType member1;
    ……
    dataType memberN;
};
```

```
struct StructName s1, s2, …, sn;

// 举例
struct Date {
    int year;
    int month;
    int day;
};
struct Date date1, date2; //date1, date2 是 Date 类型的结构体变量
```

结构体变量作为物理上的实际存在，那么它的成员变量在定义时也时常需要进行初始化。其成员变量与结构体变量的定义类似，也是有两种方式。

（1）声明、定义、初始化同时进行：在结构体类型声明、变量定义的同时，对其成员变量进行初始化。

```
// 语法
struct StructName {
    dataType member1;
    ……
    dataType memberN;
} s1={a1,…,an};

// 举例
struct Date {
    int year;
    int month;
    int day;
} date1={2019,1,1};  // 结构体变量初始化
```

（2）声明、定义、初始化分步进行：先进行结构体类型的声明，然后在定义结构体变量的同时，对其成员变量进行初始化。

```
// 语法
struct StructName {
    dataType member1;
    ……
    dataType memberN;
};
struct StructName s1={a1,…,an};

// 举例
struct Date {
    int year;
```

```
    int month;
    int day;
};
struct Date date1={2019,1,1};
```

当结构体变量初始化之后，便可以对其成员变量进行访问。与常规变量不同，结构体变量是复合型的，它需要通过结构体变量这一层级之后再进一步访问其内含的成员变量。因此，这个跨层级访问是通过成员运算符"."完成的。事实上，结构体变量中的成员变量通过"."获取后，其使用方式与常规的变量无异。

```
// 语法
structVariable.member;

// 举例
date1.year;
date1.month;
date1.day;
```

在介绍结构体类型的声明、变量的定义及成员变量的访问之后，例 6-1 演示了日期结构体的使用。

```
//Example6_1
#include <stdio.h>

struct Date {  // 结构体类型声明
    int year;
    int month;
    int day;
};

int main() {
    struct Date date1 = {2019,1,1};        // 结构体变量定义、初始化
    printf("Year: %d\n", date1.year);      // 成员变量访问
    printf("Month: %d\n", date1.month);    // 成员变量访问
    printf("Day: %d\n", date1.day);        // 成员变量访问
    return 0;
}
```
```
运行结果：
Year: 2019
Month: 1
Day: 1
```

　　对结构体变量的操作，一般来说只能在成员变量层面，如常规变量一样进行各种运算（如加减乘除等）。但是，结构体变量也存在着一种整体操作的运算，即将一个结构体变量赋值给另一个结构体变量。如例 6-2 所示，date1 和 date2 都属于 Date 类型的结构体变量，date1 整体赋值给 date2，date2 中的成员变量将从 date1 中获得相应的值。

```
//Example6_2
#include <stdio.h>

struct Date {
    int year;
    int month;
    int day;
};

int main() {
    struct Date date1 = {2019,1,1};
    struct Date date2 = date1;  // 结构体变量整体赋值
    printf("Year: %d\n", date2.year);
    printf("Month: %d\n", date2.month);
    printf("Day: %d\n", date2.day);
    return 0;
}
```
运行结果：
Year: 2019
Month: 1
Day: 1

　　到目前为止，结构体的成员都是以变量的形式存在。但是，在一定的程序设计需求下，结构体的成员也可以是结构体，即结构体的嵌套。由于结构体进行了嵌套，层级进一步增加，因此需要通过多个成员运算符 "." 来最终访问到最底层的成员变量。如例 6-3 所示，结构体类型 PastFuture 包含两个成员 Yesterday、Tomorrow，这两个成员都是 Date 结构体类型。在这两层的结构体嵌套中，要访问最终的成员变量 year、month、day 则需要通过两次的 "." 运算，如 pf.Yesterday.year。

```
//Example6_3
#include <stdio.h>

struct Date {
    int year;
```

```
    int month;
    int day;
};

struct PastFuture {
    struct Date Yesterday;          // 结构体嵌套
    struct Date Tomorrow;           // 结构体嵌套
};

int main() {
    struct PastFuture pf = {{2018,12,31},{2019,1,2}};
    printf("Year-Yesterday: %d\n", pf.Yesterday.year);
    printf("Month-Yesterday: %d\n", pf.Yesterday.month);
    printf("Day-Yesterday: %d\n", pf.Yesterday.day);
    printf("Year-Tomorrow: %d\n", pf.Tomorrow.year);
    printf("Month-Tomorrow: %d\n", pf.Tomorrow.month);
    printf("Day-Tomorrow: %d", pf.Tomorrow.day);
    return 0;
}
```

运行结果：
Year-Yesterday: 2018
Month-Yesterday: 12
Day-Yesterday: 31
Year-Tomorrow: 2019
Month-Tomorrow: 1
Day-Tomorrow: 2

## 6.2 结构体与数组

第 5 章提到，若要同时处理大量学生的成绩，可以采用数组来存储并管理数据。但是，这也仅是成绩这一个维度的信息。如果程序中需要同时处理每一位学生的 ID 与成绩，也许就离不开结构体将 ID 与成绩组合起来。类似地，既然多个普通变量可以被组合成一个普通的数组，那么多个结构体变量自然也可以被组合成一个结构体数组，从而发挥更强大灵活的作用。

首先，必须声明所需的结构体类型，然后结构体数组的定义语法，其实便是结构体变量与数组定义的结合。

```
// 语法
struct StructName {
    dataType member1;
```

```
    ……
    dataType memberN;
} arrayName[arrayLength];

// 举例
struct Student {
    int id;
    float score;
} stu[3];
```

　　结构体数组与结构体变量定义的区别，仅仅是将变量换成数组的形式。就如上例所示，stu[3] 便是一个 Student 结构体类型的数组，它所包含的 3 个元素都遵循了 Student 结构体类型，从而包含了 id 和 score 两个成员变量。当然，与该例子不同，结构体数组也可以在结构体类型声明后，再单独定义。

　　相应地，结构体数组的初始化及使用也与普通数组无异。例 6-4 展示了上述结构体数组的使用。首先，程序声明了结构体 Student。然后，在 main 函数当中定义了包含 3 个元素的结构体数组 stu[3]。数组的初始化仍然采用大括号 {} 的方式。但是，由于每一个元素都是一个同时包含 id 和 score 两个成员变量的组合数据，所以需要通过大括号的嵌套才能具体地对每一个成员变量进行初始化。最后，也是通过中括号及下标对相应的数组元素进行访问，再进而采用成员运算符 "." 访问到具体的成员变量。既然结构体可以与数组进行结合，那么通过循环语句自然可以非常快捷地遍历结构体数组的元素。

```
//Example6_4
#include <stdio.h>

struct Student {
    int id;
    float score;
};

int main() {
    struct Student stu[3] = {{1, 78}, {2, 95}, {3, 88}};
    int i = 0;
    for(i = 0; i < 3; i++) {
        printf("Student ID: %d\tExam score: %.2f\n", stu[i].id, stu[i].score);
    }
    return 0;
}
```

运行结果：
Student ID: 1    Exam score: 78.00
Student ID: 2    Exam score: 95.00
Student ID: 3    Exam score: 88.00

## 6.3  结构体与函数

函数对于具有结构化特点的 C 语言来说是无处不在的。并且，结构体与函数的结合能满足更多的程序设计需求。具体而言，结构体与函数的结合有以下四种方式：①结构体变量的成员变量作为函数的参数；②结构体变量的成员变量作为函数的返回值；③结构体变量作为函数的参数；④结构体变量作为函数的返回值。

对于①和②中的成员变量与函数结合，其实就如同普通变量作为函数的参数或返回值一样操作。区别仅在于成员变量需要通过成员运算符"."来获得。如例 6-5 所示，函数 paraStructMember 包含了 id、score 两个参数，主要作用便是将所接收到的两个实参值进行输出。在 main 函数中，通过 Student 结构体类型定义了结构体变量 stu 并进行了初始化。继而，stu 的两个成员变量作为函数的参数进行了值的传递，从而完成了函数的调用。

```
//Example6_5
#include <stdio.h>

struct Student {
    int id;
    float score;
};

void paraStructMember(int id, float score);

int main() {
    struct Student stu = {1, 78};
    paraStructMember(stu.id, stu.score);
    return 0;
}

void paraStructMember(int id, float score) {
    printf("Student information:\n");
    printf("Student ID: %d\tExam score: %.2f\n", id, score);
}
```

運行結果：
Student information:
Student ID: 1　Exam score: 78.00

　　对于③，结构体变量作为函数的参数，其实与普通变量作为参数的主要区别在于，当前参数的类型不再是基本数据类型，而是结构体类型。例 6-6 中，paraStructVariable 的主要作用是接收一个 Student 类型的结构体变量，然后在函数体内将 id 和 score 两个成员变量进行输出。由于现在参数是结构体类型，因此实参传递时需要的是一个结构体变量 (stu)。

```c
//Example6_6
#include <stdio.h>

struct Student {
    int id;
    float score;
};

void paraStructVariable(struct Student stu);

int main() {
    struct Student stu = {1, 78};
    paraStructVariable(stu);
    return 0;
}

void paraStructVariable(struct Student stu) {
    printf("Student information:\n");
    printf("Student ID: %d\tExam score: %.2f\n", stu.id, stu.score);
}
```

運行結果：
Student information:
Student ID: 1　Exam score: 78.00

　　对于④，结构体变量作为函数的返回值，与③类似，当前返回的不再是一个基本数据类型，而是一个结构体类型。因此，如例 6-7 所示，函数 retnStructVariable 的作用是接收 id 和 score 两个值，在函数体内创建一个包含这两个成员变量值的 Student 类型的结构体变量，最终将结构体变量进行返回。由于返回的不再是一个基本数据类型，函数的返回值类型也应该相应地成为结构体类型 (struct Student)。并且，在 main 函数中，如果需要对所返回的结构体变量进行接收，也一样需要由相同类型的结构体变量 (stu) 来进行。

```c
//Example6_7
#include <stdio.h>

struct Student {
    int id;
    float score;
};

struct Student retnStructVariable(int id, float score);

int main() {
    int id = 1;
    float score = 78;
    struct Student stu = retnStructVariable(id, score);
    printf("Student information:\n");
    printf("Student ID: %d\tExam score: %.2f\n", stu.id, stu.score);
    return 0;
}

struct Student retnStructVariable(int id, float score) {
    struct Student stu;
    stu.id = id;
    stu.score = score;
    return stu;
}
```

运行结果：
Student information:
Student ID: 1    Exam score: 78.00

　　事实上，结构体与函数的结合，还可以进一步将数组囊括进来。例如，结构体数组作为函数的参数、结构体数组作为函数的返回值等。本章不对这些内容做介绍，读者可以自行尝试实现，部分内容也会在后续章节进行详细讲解。

## 实 验 案 例

　　实验案例 6-1：三角形计算

　　【要求】

　　编写程序，声明一个三角形的结构体，成员变量包括三角形的三条边、周长以及面积。创建一个结构体变量，读取用户输入的三条边的长度，判断其是否为有效的三角形。若是，则计算并输出其周长和面积；否则，输出 "Invalid triangle"。

【解答】

```
//Exercise6_1
#include <stdio.h>
#include <math.h>

struct Triangle {
    double side1;
    double side2;
    double side3;
    double perimeter;
    double area;
};

struct Triangle calculate(struct Triangle figure);

int main() {
    struct Triangle figure;
    int flag = 0;
    printf("Please enter three sides: ");
    scanf("%lf%lf%lf", &figure.side1, &figure.side2, &figure.side3);
    if ((figure.side1 + figure.side2 > figure.side3) &&
            (figure.side1 + figure.side3 > figure.side2) &&
            (figure.side2 + figure.side3 > figure.side1)) {
            flag = 1;
    }
    if (flag == 1) {
        figure = calculate(figure);
        printf("The perimeter: %lf.\n", figure.perimeter);
        printf("The area: %lf.\n", figure.area);
    }
    else {
        printf("Invalid triangle\n");
    }
    return 0;
}

struct Triangle calculate(struct Triangle figure) {
    double temp = (figure.side1 + figure.side2 + figure.side3) / 2;
    figure.perimeter = temp * 2;
    figure.area = sqrt(temp * (temp - figure.side1) *
        (temp - figure.side2) * (temp - figure.side3));
    return figure;
}
```

输入：
Please enter three sides: 3 4 5

运行结果：
The perimeter: 12.000000.
The area: 6.000000.

实验案例 6-2：日期计算

【要求】

编写程序：

1. 声明一个日期类型的结构体，包括年、月、日；

2. 输入一个日期结构体变量数据以及一个整数 N（0<N<28）；

3. 计算并输出原日期经过 N 天后的新日期。

【解答】

```c
//Exercise6_2
#include <stdio.h>

struct Date {
    int year;
    int month;
    int day;
};

int isLeapYear(int year); // 判断是否为闰年
int maxMonth(int month, int flag); // 判断该月的最大天数

int main() {
    int i = 0, N, flag;
    int max;
    struct Date date;
    printf("Please enter the date: ");
    scanf("%d%d%d", &date.year, &date.month, &date.day);
    printf("Please enter N: ");
    scanf("%d", &N);
    flag = isLeapYear(date.year);
    date.day = date.day + N;
    max = maxMonth(date.month, flag);
    if (date.day > max) {
        date.month++;
        date.day = date.day − max;
        if (date.month > 12) {
            date.year++;
            date.month = date.month − 12;
        }
```

```
    }
    printf("After %d days, the date is %d-%d-%d.", N, date.year, date.month, date.day);
    return 0;
}

int isLeapYear(int year) {
    if (year % 400 == 0) {
        return 1;
    }
    else if (year % 4 == 0 && year % 100 != 0) {
        return 1;
    }
    else {
        return 0;
    }
}

int maxMonth(int month, int flag) {
    if (month <= 7 && month % 2 == 1) {
        return 31;
    }
    else if (month >= 8 && month % 2 == 0) {
        return 31;
    }
    else if (month == 2 && flag == 1) {
        return 29;
    }
    else if (month == 2 && flag == 0) {
        return 28;
    }
    else {
        return 30;
    }
}
```

输入：
Please enter the date: 2020 2 28
Please enter N: 2

运行结果：
After 2 days, the date is 2020-3-1.

实验案例 6-3：国家经济指标

【要求】

编写程序：

1. 声明一个国家经济相关的结构体类型，要求其成员变量包括国家的 ID、人口数量（POP）、国内生产总值（GDP）、消费者物价指数（CPI）、失业率（EMP）；

2. 定义一个整型变量 N（N<=200），表示国家数量；

3. 输入国家的各项指标；

4. 对各项指标进行排序（由高到低）并输出，要求：

当输入 '1' 时，按照国家的 ID 进行排序；

当输入 '2' 时，按照国家的人口数量进行排序；

当输入 '3' 时，按照国家的 GDP 进行排序；

当输入 '4' 时，按照国家的 CPI 进行排序；

当输入 '5' 时，按照国家的失业率进行排序；

当输入 '0' 时，结束运行。

【解答】

```
//Exercise6_3
#include <stdio.h>

struct Country {
    int ID;
    double POP;
    double GDP;
    double CPI;
    double EMP;
};

void ID_Sort(struct Country cty[], int N);
void POP_Sort(struct Country cty[], int N);
void GDP_Sort(struct Country cty[], int N);
void CPI_Sort(struct Country cty[], int N);
void EMP_Sort(struct Country cty[], int N);

int main() {
    int i, N, flag = -1;
    struct Country cty[200];
    printf("Please enter the number of countries: ");
    scanf("%d", &N);
    printf("Please enter the information of countries:\n");
    for(i = 0; i < N; i++) {
        printf("ID = ");
        scanf("%d", &cty[i].ID);
        printf("ID: %d, POP = ", cty[i].ID);
        scanf("%lf", &cty[i].POP);
        printf("ID: %d, GDP = ", cty[i].ID);
```

```
            scanf("%lf", &cty[i].GDP);
            printf("ID: %d, CPI = ", cty[i].ID);
            scanf("%lf", &cty[i].CPI);
            printf("ID: %d, EMP = ", cty[i].ID);
            scanf("%lf", &cty[i].EMP);
        }
    while(1) {
        printf("\nSort by: 1–ID, 2–POP, 3–GDP, 4–CPI, 5–EMP.\n");
        printf("End the program: Enter 0.\n");
        printf("Please enter: ");
        scanf("%d", &flag);
        if(flag == 0) {
            printf("Program End!");
            break;
        }
        else if(flag == 1) {
            ID_Sort(cty, N);
        }
        else if(flag == 2) {
            POP_Sort(cty, N);
        }
        else if(flag == 3) {
            GDP_Sort(cty, N);
        }
        else if(flag == 4) {
            CPI_Sort(cty, N);
        }
        else if(flag == 5) {
            EMP_Sort(cty, N);
        } else {
            printf("Error!\n");
        }
        if(flag >= 1 && flag <= 5) {
            printf("ID\t\tPOP\t\tGDP\t\tCPI\t\tEMP\n");
            for(i = 0; i < N; i++) {
                printf("%d\t\t%.2lf\t\t%.2lf\t\t%.2lf\t\t%.2lf\n",
            cty[i].ID,cty[i].POP,cty[i].GDP,cty[i].CPI, cty[i].EMP);
            }
        }
    }
    return 0;
}

void ID_Sort(struct Country cty[], int N) {
    struct Country temp;
    int i, j;
```

```
    for(i = 0; i < N − 1; i++) {
        for(j = 0; j < N − 1 − i; j++) {
            if(cty[j].ID < cty[j + 1].ID) {
                temp = cty[j];
                cty[j] = cty[j + 1];
                cty[j + 1] = temp;
            }
        }
    }
}

void POP_Sort(struct Country cty[], int N) {
    struct Country temp;
    int i, j;
    for(i = 0; i < N − 1; i++) {
        for(j = 0; j < N − 1 − i; j++) {
            if(cty[j].POP < cty[j + 1].POP) {
                temp = cty[j];
                cty[j] = cty[j + 1];
                cty[j + 1] = temp;
            }
        }
    }
}

void GDP_Sort(struct Country cty[], int N) {
    struct Country temp;
    int i, j;
    for(i = 0; i < N − 1; i++) {
        for(j = 0; j < N − 1 − i; j++) {
            if(cty[j].GDP < cty[j + 1].GDP) {
                temp = cty[j];
                cty[j] = cty[j + 1];
                cty[j + 1] = temp;
            }
        }
    }
}

void CPI_Sort(struct Country cty[], int N) {
    struct Country temp;
    int i, j;
    for(i = 0; i < N − 1; i++) {
        for(j = 0; j < N − 1 − i; j++) {
            if(cty[j].CPI < cty[j + 1].CPI) {
                temp = cty[j];
                cty[j] = cty[j + 1];
```

```
                    cty[j + 1] = temp;
                }
            }
        }
    }

void EMP_Sort(struct Country cty[], int N) {
    struct Country temp;
    int i, j;
    for(i = 0; i < N − 1; i++) {
        for(j = 0; j < N − 1 − i; j++) {
            if(cty[j].EMP < cty[j + 1].EMP) {
                temp = cty[j];
                cty[j] = cty[j + 1];
                cty[j + 1] = temp;
            }
        }
    }
}
```

输入：
Please enter the number of countries: 3
Please enter the information of countries:
ID = 1
ID: 1, POP = 14.24
ID: 1, GDP = 15.68
ID: 1, CPI = 102.7
ID: 1, EMP = 4.24
ID = 2
ID: 2, POP = 9.65
ID: 2, GDP = 18.34
ID: 2, CPI = 99.4
ID: 2, EMP = 8.96
ID = 3
ID: 3, POP = 4.88
ID: 3, GDP = 6.64
ID: 3, CPI = 120.2
ID: 3, EMP = 12.01

Sort by: 1−ID, 2−POP, 3−GDP, 4−CPI, 5−EMP.
End the program: Enter 0.
Please enter: 3

运行结果：

| ID | POP | GDP | CPI | EMP |
|----|------|-------|--------|-------|
| 2 | 9.65 | 18.34 | 99.40 | 8.96 |
| 1 | 14.24 | 15.68 | 102.70 | 4.24 |
| 3 | 4.88 | 6.64 | 120.20 | 12.01 |

# 第7章 共同体、枚举类型、自定义类型

## 7.1 共同体

共同体（union），又称联合体，是能够使若干不同类型、大小的对象共享同一存储空间的自定义数据类型。在某些时候，我们会碰到所处理的对象具有不同的属性，而在某一个时刻下，只需要存储众多不同属性的其中之一。读者当然可以为每一个不同的属性都分配内存空间，可是这显然会浪费一些暂时不需要处理的属性所占用的空间。对此，共同体能够很好地解决这个问题。

共同体类型的声明方式如下：

```
// 语法
union UnionName {
    char cval;
    int ival;
    double dval;
};

// 举例
union UnivPerson {
    float score;
    int performance;
};
```

其中，union 是声明共同体类型所需要的关键词。UnionName 是共同体类型的名称，一般而言，它的命名遵循变量命名的规范，但通常首字母为大写。这一点与结构体的声明是非常相似的。大括号 {} 中包含的便是该类型下的所有成员变量及其类型。同样地，共同体类型的声明需要一个分号作为结束。

　　共同体与结构体不同的是，结构体中的所有成员变量都是存在的属性，而共同体中是"多选一"的情况。例如，上例中 UnivPerson 声明了一个大学人员的共同体。假设大学当中仅有学生与教师，那么与学生相关的是其成绩（float score），而与教师相关的是其工作绩效（int performance）。对于任意一个人员而言，这两个身份是互斥的（不能同时是学生也是教师）。因此，这两个成员变量对于某一个人员而言，应该只有其中一个是有效的。共同体便提供了一种机制，让多个不同类型及大小的属性可以共享同一个内存空间，在某一个时刻下，该空间存储的要么是 score，要么是 performance。

　　与结构体类型相似，共同体类型也仅是一个概念上的存在，它需要进一步定义共同体变量。共同体变量的定义方式也有以下两种。

　　（1）声明的同时进行定义：在声明的同时，分号结束之前，罗列所要定义的共同体变量名，以逗号隔开。在这种同时声明、定义的方式下，共同体名称是可以省略的。

```
// 语法
union UnionName {
    char cval;
    int ival;
    double dval;
} u1, u2, …, un;

// 举例
union UnivPerson {
    float score;
    int performance;
} person1, person2; //person1, person2 是 UnivPerson 类型的共同体变量

// 举例
union { // 共同体名称可省略
    float score;
    int performance;
} person1, person2;
```

　　（2）声明之后再进行定义：在声明了共同体类型之后，如常规变量定义一样，用类型名称定义共同体变量。

```
// 语法
union UnionName {
    char cval;
    int ival;
    double dval;
};
union UnionName u1, u2, …, un;

// 举例
union UnivPerson {
    float score;
    int performance;
};
union UnivPerson person1, person2;
```

　　由于共同体也是一个包含多个成员变量的组合类型，因此也与结构体变量一样，需要采用成员运算符“.”进行成员变量的访问。但这也与结构体变量的访问不同，因为在某一时刻下，共同体变量只有其中一个成员变量起作用。因此，我们也只能对其中起作用的一个成员变量进行访问。

```
// 语法
unionVariable.member;

// 举例
person1.score;
person2.performance;
```

　　虽然共同体与结构体在各方面非常相似，但两者还是存在着很大的区别。为了更直观地描述两者的异同，例 7–1 进行了演示说明。结构体的每个成员变量拥有各自的存储空间和地址，结构体变量所占存储空间长度为其各成员变量所占存储空间长度的"总和"①；而在共同体中，共同体变量与其成员变量拥有相同的存储地址，所有成员变量共享同一存储空间，该存储空间长度为最大（指所占字节数）成员所需的长度。例如，共同体变量 u 中最大的成员变量为 double 类型的 dval，u 所占字节数为 dval 所占字节数，即 8 个字节。

---

　　① 由于字节对齐原则，结构体变量的大小并不一定等于所有成员变量大小的算术和，这是为了提高 CPU 效率的一种优化设计。

```
//Example7_1
#include <stdio.h>

union UExample {
    char cval;
    int ival;
    double dval;
};

struct SExample {
    char cval;
    int ival;
    double dval;
};

int main() {
    union UExample u;
    struct SExample s;

    printf("Size of union u is: %d\n", sizeof(u));
    printf("Size of struct s is: %d\n\n", sizeof(s));

    printf("Address of union u is: %ld\n", &u);
    printf("Address of char u.cval is: %ld\n", &u.cval);
    printf("Address of int u.ival is: %ld\n", &u.ival);
    printf("Address of double u.dval is: %ld\n\n", &u.dval);

    printf("Address of struct s is: %ld\n", &s);
    printf("Address of char s.cval is: %ld\n", &s.cval);
    printf("Address of int s.ival is: %ld\n", &s.ival);
    printf("Address of double s.dval is: %ld\n", &s.dval);

    return 0;
}
```

运行结果：
Size of union u is: 8
Size of struct s is: 16

Address of union u is: 6487568
Address of char u.cval is: 6487568
Address of int u.ival is: 6487568
Address of double u.dval is: 6487568

Address of struct s is: 6487552
Address of char s.cval is: 6487552
Address of int s.ival is: 6487556
Address of double s.dval is: 6487560

虽然共同体与结构体存在着较大的区别，但两者也经常可以结合使用，进行嵌套以满足更实际的应用。例 7-2 对共同体的具体使用以及与结构体的结合使用进行了说明。在该例子中，声明了一个 UnivPerson 的结构体类型。在该结构体中，嵌套了一个共同体变量 person，它包含了学生的成绩（float score）或者教师的工作绩效（int performance）。由于这两个成员不会同时共存，所以采用共同体的方式进行了设计。作为一个简化的例子，main 函数中定义了包含两个元素的结构体数组，分别演示了学生、教师两个人员。从代码的运行及结果可知，当人员为学生时，与其对应的是 score 成员；当人员为教师时，与其对应的为 performance 成员。这在兼顾了不同人员的不同属性的同时，也不会浪费额外存储空间，充分体现了共同体在此情境下的优势。

```c
//Example7_2
#include <stdio.h>

struct UnivPerson { // 学校人员 (1: 学生 ;2: 教师 )
    int type; // 人员类型
    union {
        float score; // 学生成绩 (1 ～ 100)
        int performance; // 教师绩效 (1 ～ 3)
    } person;
};

int main() {
    struct UnivPerson per[2];
    int i;
    for(i = 0; i < 2; i++) {
        printf("Enter the type (1 or 2): ");
        scanf("%d", &per[i].type);
        if(per[i].type == 1) {
            printf("Enter the exam score: ");
            scanf("%f", &per[i].person.score);
        } else if(per[i].type == 2) {
            printf("Enter the work performance: ");
            scanf("%d", &per[i].person.performance);
        }
    }
    for(i = 0; i < 2; i++) {
        if(per[i].type == 1) {
            printf("Student: Score = %.2f\n", per[i].person.score);
        } else if(per[i].type == 2) {
            printf("Faculty: Performance = %d\n", per[i].person.performance);
        }
```

```
    }
    return 0;
}
```

```
输入：
Enter the type (1 or 2): 1
Enter the exam score: 98.5
Enter the type (1 or 2): 2
Enter the work performance: 3

运行结果：
Student: Score = 98.50
Faculty: Performance = 3
```

需要注意的是，共同体中包含多个不同的成员变量，并不是被某个成员占据了以后，它就只能适用于该成员。事实上，共同体只是提供了一个内存空间，它所存放的值、类型都是可以随时改变的（取决于共同体声明时所包含的数据类型）。但是，一旦存放了某个类型、值，除非重新替换，否则该类型、值便一直保留。例 7-3 进行了举例说明，虽然共同体中三个成员 / 类型共享同一个内存空间，但是访问时也是需要指定通过哪一个成员来访问。读者可以自行尝试，当存放的是某一个成员时，访问另一个成员会出现什么问题。

```
//Example7_3
#include <stdio.h>

union UExample {
    char cval;
    int ival;
    double dval;
};

int main() {
    union UExample u;
    u.cval = 'A';
    printf("The value of u.cval is: %c\n", u.cval);
    u.ival = 100;
    printf("The value of u.ival is: %d\n", u.ival);
    u.dval = 3.33;
    printf("The value of u.dval is: %lf\n", u.dval);
    return 0;
}
```

```
运行结果：
The value of u.cval is: A
```

```
The value of u.ival is: 100
The value of u.dval is: 3.330000
```

如同结构体一样，共同体大多数的运算操作（如加减乘除等）是需要在共同体中具体的成员变量层面进行的。但是，共同体也允许进行整体的赋值操作，进行赋值的这两个共同体变量必须是来自同一个类型。如例 7-4 所示，程序中只对共同体变量 u1 进行了赋值，然后通过"u2 = u1;"的赋值操作，共同体变量 u2 中的 cval 也获得了 u1 中 cval 的值（'A'）。

```
//Example7_4
#include <stdio.h>

union UExample {
    char cval;
    int ival;
    double dval;
};

int main() {
    union UExample u1, u2;
    u1.cval = 'A';
    u2 = u1;
    printf("The value of u2.cval is: %c\n", u2.cval);
    return 0;
}
```

运行结果：
The value of u2.cval is: A

## 7.2　枚举类型

在实际应用中，有的对象只可能取有限的几个值。例如，一周只有 7 天的可能取值，一年只有 12 个月份的可能取值。按照前面章节的内容，我们可以通过 #define 进行宏定义。以一周 7 天为例，通过宏定义，将 Mon ～ Sun 这 7 个符号常量与正整数 1 ～ 7 进行关联，从而在代码中可以直接使用 Mon ～ Sun 来表示一周中的不同天，提高了代码的可读性。

```
#define Mon 1
#define Tue 2
#define Wed 3
#define Thu 4
#define Fri 5
#define Sat 6
#define Sun 7
```

在 C 语言中，对于这样一些包含有限离散取值的情况可以通过枚举类型来更简单地实现。所谓枚举（enumeration），就是将变量的值一一列举出来，并只限于所罗列的值的范围内取值。

首先，枚举类型需要进行声明：

```
// 语法
enum EnumName{name1, name2, …};

// 举例
enum Weekday{Mon, Tue, Wed, Thu, Fri, Sat, Sun};
```

其中，enum 是声明枚举类型所需要的关键词。EnumName 是枚举类型的名称，一般而言，它的命名遵循变量命名的规范，但通常首字母为大写。大括号 {} 中包含的 name1, name2, … 是该类型下的所有可能取值，称为枚举元素或枚举常量。最终，枚举类型的声明以一个分号作为结束。以一周 7 天为例，Weekday 是声明的枚举类型，它包含了 Mon ~ Sun 这 7 种不同的元素。

#define 中每一种情况都指定了具体的值，与此不同，枚举类型没有明确给出元素的具体值。但是，在 C 语言中，大括号中的各种元素会从左往右，自动进行 0、1、2、… 的取值。例 7–5 可以进行简单的验证，从中可知，通过枚举类型，可以方便地使用这些具有高可读性的元素名称来完成代码的编写。但是，归根结底，这些元素的使用最终也是通过一系列整数来实现。因此，它们的实际取值事实上也不重要，只要能够区分各种元素所代表的情况就足够了。

```c
//Example7_5
#include <stdio.h>

int main() {
    enum Weekday{Mon, Tue, Wed, Thu, Fri, Sat, Sun};
    printf("Mon = %d\n", Mon);
```

```
        printf("Tue = %d\n", Tue);
        printf("Wed = %d\n", Wed);
        printf("Thu = %d\n", Thu);
        printf("Fri = %d\n", Fri);
        printf("Sat = %d\n", Sat);
        printf("Sun = %d\n", Sun);
        return 0;
}
```

运行结果 :
Mon = 0
Tue = 1
Wed = 2
Thu = 3
Fri = 4
Sat = 5
Sun = 6

由于枚举类型中各个元素的取值并没有实际影响，所以也允许用户自行指定
每个元素的取值，而不遵循默认值。如例 7-6 所示，在用户明确指定取值时，元
素取指定值，然后后续未指定取值的元素则默认加 1，直到又有指定值为止。

```
//Example7_6
#include <stdio.h>

int main() {
        enum Weekday{Mon, Tue=10, Wed, Thu, Fri=20, Sat, Sun};
        printf("Mon = %d\n", Mon);
        printf("Tue = %d\n", Tue);
        printf("Wed = %d\n", Wed);
        printf("Thu = %d\n", Thu);
        printf("Fri = %d\n", Fri);
        printf("Sat = %d\n", Sat);
        printf("Sun = %d\n", Sun);
        return 0;
}
```

运行结果 :
Mon = 0
Tue = 10
Wed = 11
Thu = 12
Fri = 20
Sat = 21
Sun = 22

枚举类型在实际使用中，往往是通过定义枚举变量来进行的。该变量的定义方式有两种。

（1）声明的同时进行定义：在声明的同时，分号结束之前，罗列所要定义的枚举变量名，以逗号隔开。在这种同时声明、定义的方式下，枚举类型名称是可以省略的。

```
// 语法
enum EnumName{name1, name2, …} e1, e2, …, en;

// 举例
enum Weekday{Mon, Tue, Wed, Thu, Fri, Sat, Sun} day1, day2;

// 举例
enum {Mon, Tue, Wed, Thu, Fri, Sat, Sun} day1, day2;
```

其中，day1 与 day2 便是属于 Weekday 枚举类型的变量，它们的取值只允许是 Mon ～ Sun 这 7 个值。

（2）声明之后再进行定义：在声明了枚举类型之后，如常规变量定义一样，用类型名称定义枚举变量。

```
// 语法
enum EnumName{name1, name2, …};
enum EnumName e1, e2, …, en;

// 举例
enum Weekday{Mon, Tue, Wed, Thu, Fri, Sat, Sun};
enum Weekday day1, day2;
```

当然，我们可以对定义的枚举变量进行初始化，方法如下：

```
// 语法
enum EnumName{name1, name2, …} e1=name1;

// 举例
enum Weekday{Mon, Tue, Wed, Thu, Fri, Sat, Sun} day1=Tue;
```

其中，day1 在被定义为 Weekday 枚举类型的变量时，也被初始化为 Tue（具体整数值为 1）。需要注意的是，变量的初始化值只能来自枚举类型当中的某个元素。

它的另一种初始化方式是先定义再初始化：

```
// 语法
enum EnumName{name1, name2, …};
enum EnumName e1=name1;

// 举例
enum Weekday{Mon, Tue, Wed, Thu, Fri, Sat, Sun};
enum Weekday day1=Tue;
```

事实上，枚举变量在实际应用中，很多时候是作为条件判断的一部分存在的。例 7-7 中演示了枚举变量的一个典型应用，与其使用枯燥、没有实际含义的数字，不如使用可读性高的枚举元素名称。在该例子中，可以直接判断枚举变量是否等于 Mon ~ Sun 的某一天，并执行相应的操作。

```c
//Example7_7
#include <stdio.h>

int main() {
    enum Weekday{Mon, Tue, Wed, Thu, Fri, Sat, Sun};
    enum Weekday day = Fri;
    if(day == Mon) {
        printf("It's Monday!\n");
    } else if(day == Tue) {
        printf("It's Tuesday!\n");
    } else if(day == Wed) {
        printf("It's Wednesday!\n");
    } else if(day == Thu) {
        printf("It's Thursday!\n");
    } else if(day == Fri) {
        printf("It's Friday!\n");
    } else if(day == Sat) {
        printf("It's Saturday!\n");
    } else {
        printf("It's Sunday!\n");
    }
    return 0;
}
```

运行结果：
It's Friday!

## 7.3 自定义类型

在 C 语言中，int、float、double、char 等属于基本数据类型，用户可以直接使用。前文的内容，也介绍了结构体、共同体、枚举等用户可自行构造的组合类型。除此以外，C 语言还提供了另一种机制，允许用户对已存在的基本数据类型或者可构造的组合类型进行重命名。

新类型名的声明，需要用 typedef 关键词来完成：

```
// 语法
typedef oldType newType;

// 举例
typedef long long int INTEGER;

// 举例
typedef struct Date {
    int year;
    int month;
    int day;
} MyDate;
```

其中，通过 typedef，用 INTEGER 来替代 long long int 类型，用 MyDate 来替代 Date 结构体类型。

一般而言，用 typedef 声明新类型名，主要有两个原因：①提高代码的可移植性。②简化类型的命名。

1. 提高代码的可移植性

由于 C 语言编译器版本的不同，可能会对数据类型有不同的支持。例如，long long int, long int, int 在不同编译环境中会有不同的适用。试想，在一个支持 long long int 的编译环境中，直接于代码中采用了 long long int 进行类型定义，但是，将该代码移植到另一个不支持该数据类型的环境中执行时，便需要在代码中找出所有的 long long int 并进行更换。这对于较大型的程序项目而言，工作量是较大的，不利于移植。

但是，例 7-8 展示了一种解决方案。首先，将各种潜在的类型（long long int, long int, int）通过 typedef 进行类型的重命名，统一命名为 INTEGER，并将该编译环境当中能够支持的类型（如 long long int）的声明保留，其余声明（如 long int,

int）通过注释使其无效化。随后在代码编写时，便直接采用 INTEGER 来代替原本的类型。当代码需要移植到其他环境中执行时，若原先的类型无法支持，则可简单地调整注释（例如使用 long int 而注释掉 long long int），而代码编写无须任何调整。所以，这有利于提高代码的可移植性。

```
//Example7_8
#include <stdio.h>

typedef long long int INTEGER;
//typedef long int INTEGER;
//typedef int INTEGER;

int main() {
    INTEGER i;
    INTEGER j;
    INTEGER k;
    //......
    return 0;
}
```

2. 简化类型的命名

前文介绍的结构体、共同体等类型在定义变量时都较为烦琐，需要"struct StructName …"或"union UnionName …"等方式进行定义。但是，typedef 允许用户将复杂的结构体、共同体等类型用一个简单的名称进行代替，随后在代码中进行变量定义时，可直接采用简化名称来完成。如例 7-9 所示，在常规的结构体 Date 和共同体 UnivPerson 类型声明之前，添加 typedef 关键字，并在原声明结束分号之前提供新类型名 MyDate 和 MyUP。需要注意的是，此时，MyDate 和 MyUP 代表的是类型，而并不是之前类型声明后的结构体变量或共同体变量。随后，在代码中，便可以直接采用 MyDate 和 MyUP 进行结构体变量、共同体变量的定义。因此，这种方式简化了复杂类型的变量定义，也在一定程度上使代码变得更加简洁，提高了可读性。

```
//Example7_9
#include <stdio.h>

typedef struct Date {
    int year;
    int month;
    int day;
```

```
} MyDate; //MyDate 为新类型名

typedef union UnivPerson {
    float score;
    int performance;
} MyUP; //MyUP 为新类型名

int main() {
    MyDate d;
    MyUP p;
    d.year = 2019;
    d.month = 1;
    d.day = 1;
    p.score = 99.9;
    printf("Structure: %d-%d-%d\n", d.year, d.month, d.day);
    printf("Union: %.2f\n", p.score);
    return 0;
}
```
运行结果：
Structure: 2019-1-1
Union: 99.90

# 实 验 案 例

实验案例 7-1：月份判断

【要求】

编写程序，利用枚举类型，读取用户输入月份（整数 1 ~ 12），判断并输出对应的月份缩写（Jan ~ Dec）。

【解答】

```
//Exercise7_1
#include <stdio.h>

enum Month{Jan=1, Feb, Mar, Apr, May, Jun, Jul, Aug, Sep, Oct, Nov, Dec};

int main() {
    int m;
    printf("Please enter the month: ");
    scanf("%d", &m);
    if(m==Jan) {
        printf("Jan\n");
    } else if(m == Feb) {
```

```
        printf("Feb\n");
    } else if(m == Mar) {
        printf("Mar\n");
    } else if(m == Apr) {
        printf("Apr\n");
    } else if(m == May) {
        printf("May\n");
    } else if(m == Jun) {
        printf("Jun\n");
    } else if(m == Jul) {
        printf("Jul\n");
    } else if(m == Aug) {
        printf("Aug\n");
    } else if(m == Sep) {
        printf("Sep\n");
    } else if(m == Oct) {
        printf("Oct\n");
    } else if(m == Nov) {
        printf("Nov\n");
    } else if(m == Dec) {
        printf("Dec\n");
    } else {
        printf("Error!\n");
    }
    return 0;
}
```

输入：

Please enter the month: 11

运行结果：

Nov

实验案例 7-2：企业信息管理

【要求】

编写程序，利用结构体、共同体：

1. 读取用户输入：企业数量 n；

2. 读取用户输入：每个企业的种类（小型、中型或大型）；

3. 读取用户输入：每个企业的成立时长（月数）；

4. 读取用户输入：每个企业的特征，其中

（1）若企业为小型企业，读取融资次数；

（2）若企业为中型企业，读取年利润（万元）；

（3）若企业为大型企业，读取市值（亿元）。

　　　输出：所有企业的全部信息。

　　【解答】

```
//Exercise7_2
#include <stdio.h>

struct Firm {
    int type;
    int month;
    union {
        int fund;
        double profit;
        double value;
    } feature;
};

int main() {
    printf("Please enter the number of firms: ");
    int n;
    scanf("%d", &n);
    struct Firm f[n];
    int i;
    for(i = 0; i < n; i++) {
        printf("\nFirm #%d:\n", i + 1);
        printf("Please enter the type of the firm (1: Small, 2: Medium, 3: Large): ");
        scanf("%d", &f[i].type);
        if(f[i].type == 1) {
            printf("Please enter the months since established: ");
            scanf("%d", &f[i].month);
            printf("Please enter the rounds of fund: ");
            scanf("%d", &f[i].feature.fund);
        } else if(f[i].type == 2) {
            printf("Please enter the months since established: ");
            scanf("%d", &f[i].month);
            printf("Please enter the profit: ");
            scanf("%lf", &f[i].feature.profit);
        } else if(f[i].type == 3) {
            printf("Please enter the months since established: ");
            scanf("%d", &f[i].month);
            printf("Please enter the market value: ");
            scanf("%lf", &f[i].feature.value);
        } else {
            printf("Error!\n");
        }
    }
    for(i = 0; i < n; i++) {
        printf("\nFirm #%d:\n", i + 1);
        if(f[i].type == 1) {
```

```
            printf("Small: Month = %d, Rounds of fund = %d\n", f[i].month, f[i].feature.fund);
        } else if(f[i].type == 2) {
            printf("Medium: Month = %d, Profit = %.2lf\n", f[i].month, f[i].feature.profit);
        } else if(f[i].type == 3) {
            printf("Large: Month = %d, Market value = %.2lf\n", f[i].month, f[i].feature.value);
        }
    }
    return 0;
}
```

输入:
Please enter the number of firms: 3

Firm #1:
Please enter the type of the firm (1: Small, 2: Medium, 3: Large): 1
Please enter the months since established: 20
Please enter the rounds of fund: 3

Firm #2:
Please enter the type of the firm (1: Small, 2: Medium, 3: Large): 2
Please enter the months since established: 42
Please enter the profit: 3500

Firm #3:
Please enter the type of the firm (1: Small, 2: Medium, 3: Large): 3
Please enter the months since established: 126
Please enter the market value: 189

运行结果:
Firm #1:
Small: Month = 20, Rounds of fund = 3

Firm #2:
Medium: Month = 42, Profit = 3500.00

Firm #3:
Large: Month = 126, Market value = 189.00

# 第 8 章 指 针

## 8.1 指针与指针变量

### 8.1.1 指针

在 C 语言中，除了寄存器变量、预处理指令所定义的符号常量等以外，常规的变量都是存放在内存当中的。当定义变量时，编译器会对变量的数据类型进行识别，由系统分配给该变量对应类型所需的内存空间（包含若干连续编号的字节）。例如，int 类型将分配 4 个字节，char 类型将分配 1 个字节。如表 8-1 所示，整型变量 x 取值为 8，存储于 4 个连续编号的字节 1001-1004 中；字符型变量 c 取值为 'a'，存储于编号为 1005 的字节中。每一个字节都有其编号，通过该编号可以定向地找到内存当中相应的位置，就像该地址编号"指向"了内存中某个位置。所以，在 C 语言中，地址或者地址编号会被形象地称为指针。此外，由于某些数据类型的变量会占据多个连续字节（如 int），习惯上会将该变量的起始地址（第一个字节的地址）称为该变量的地址（如变量 x 的地址是 1001）。在变量访问时，通过其地址（可确定位置）及类型（可确定字节数量）便能正确地读取变量所包含的数据。

表 8-1 变量存储示意

| 字节编号 | 变量类型 | 变量名称 | 变量值 |
| --- | --- | --- | --- |
| 1005 | char | c | 'a' |

续表

| 字节编号 | 变量类型 | 变量名称 | 变量值 |
|---|---|---|---|
| 1004 | | | |
| 1003 | int | x | 8 |
| 1002 | | | |
| 1001 | | | |

由前面章节内容可知，变量可以直接通过变量名进行访问，如通过"int y = x;"来读取变量 x 的值，或者通过"x = z;"对变量 x 进行赋值。这是比较直观的访问方式，称为直接访问。但是，归根结底，也是需要一系列的地址 / 指针操作，因为只有通过地址才能正确地找到变量值所在位置。那么，在了解指针的概念之后，其实变量的访问也可以有另一种方式。首先，提取出变量 x 的地址，并将地址值存放在另一个变量（称为指针变量）当中。随后，可以通过读取该指针变量的值（即 x 变量的地址）来访问 x 变量具体的值。这称为间接访问。

### 8.1.2　指针变量

存放指针的变量，称为指针变量。读者可以将指针变量（如 p）与常规变量（如表 8–1 的 int x）联系起来理解：x 的类型是 int，p 的类型是指针（地址）；x 的值是 8，p 的值是一个指针（地址）。值得一提的是，指针变量还有一个类型的概念，称为基类型，它表示的是该指针变量所指向的变量的类型。例如，倘若 p 指向了变量 x，则 p 的基类型便是 int。

指针变量的定义，遵循以下方式：

```
// 语法
dataType *pointerName;

// 举例
int *p; //p 是指向 int 类型的指针变量
```

可以看出，指针变量的定义与常规变量的定义非常相似，区别仅在于变量名之前多了一个符号"*"。该符号在变量定义时出现，是为了说明该变量为指针变量。例子中，我们习惯将 p 称为指向 int 的指针，简称 int 指针。读者也时常需要自行判断区分，"指针"的简称究竟指代的是一个地址还是一个变量。

与常规变量的定义类似，指针变量在定义时也可以进行初始化：

```
// 语法
dataType *pointerName = &variableName;

// 举例
int *p = &x; //p 是指向 int 类型变量 x 的指针变量
```

如上所述，指针变量的值是一个地址，也即是它所指向的变量所在的内存位置。在 C 语言当中，"&"称为取地址运算符，它会取出所运算的变量的起始地址。因此，"int *p=&x;"将变量 x 的起始地址取出，并向指针变量 p 进行初始化。最终，p 与 x 建立了关联，即让"p 指向了 x"。

除了定义时进行初始化以外，指针变量也可以在定义之后进行赋值：

```
// 语法
dataType *pointerName;
pointerName = &variableName;

// 举例
int *p;
p = &x; // 对 p 进行赋值，指向 x
p = &y; // 对 p 进行赋值，指向 y
p = &z; // 对 p 进行赋值，指向 z
```

在这个例子中，存在着与上例不同的地方，即指针变量是在定义之后进行赋值的，指针变量前不再带有"*"。这是因为，后续的赋值，是对指针变量的值的访问，而不是最初的定义需要用"*"来区分常规变量或指针变量。下文将介绍，对于已经定义存在的指针变量，若在其前加"*"则表示的是访问该指针变量所指向的变量值。

指针变量，既然称为变量，就如常规变量一样，会在内存当中占据一定的空间。所以，例 8-1 进一步地将指针变量与常规变量进行比较，帮助读者加深对指针变量的理解。

```
//Example8_1
#include <stdio.h>
```

```
int main() {
    int x = 1;
    int *p = &x;
    printf("The value of x: %d\n", x);
    printf("The address of x: %ld\n", &x);
    printf("The size of x: %d\n", sizeof(x));
    printf("The value of p: %ld\n", p);
    printf("The address of p: %ld\n", &p);
    printf("The size of p: %d\n", sizeof(p));
    return 0;
}
```

运行结果：
The value of x: 1
The address of x: 6618668
The size of x: 4
The value of p: 6618668
The address of p: 6618656
The size of p: 8

例子中定义了整型变量 x，取值为 1；也定义了指针变量 p，指向了变量 x。通过"&x"提取变量 x 的地址赋值给 p，可以得知变量 x 的起始地址为 6618668。由于地址值往往较大，所以在 printf 输出时，时常采用"%ld"的长整型格式。p 作为指针变量，本身也是会在内存中占用一定的空间。所以，也可以通过"&p"的方式提取出指针变量 p 所在的位置，为 6618656。并且通过"sizeof(p)"可知，C 语言中的指针变量占用 8 个字节的空间。表 8-2 与图 8-1 对上述关系进行了较形象的描述。

表 8-2　指针变量与所指变量

| 类型 | 变量 | 地址 | 值 | 占用字节 |
| --- | --- | --- | --- | --- |
| int | x | 6618668 | 1 | 4 |
| int * | p | 6618656 | 6618668 | 8 |

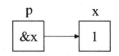

图 8-1　指针变量与所指变量关系示意图

对于已经初始化 / 赋值（即已经有所指向）的指针变量，除了可以访问它的值（即指向的地址）以外，还可以访问它所指向的数据（即指向的变量的值）。这个操作是通过指针运算符（亦称间接寻址运算符、间接访问运算符）"*"完成的，具体的使用方式如下：

```
// 语法
datatype variableName = *pointerName;
*pointerName = variableName;

// 举例
int *p = &x;
int y = *p;
*p = z;
```

在已经定义存在的指针变量前加"*"，表示访问指针变量所指向的变量的值。在这例子中，p 指向了 x，所以 *p 则是访问 x 的值，"int y = *p;"相当于"int y = x;"；而"*p = z;"相当于"x = z;"。

例 8-2 展示了"&"与"*"的使用，帮助读者进一步理解：

```
//Example8_2
#include <stdio.h>

int main() {
    int x = 1;
    int *p;                // 此处"*"表示定义指针变量
    p = &x;                // 让 p 指向 x
    printf("The value of x: %d\n", x);
    printf("The value of *p: %d\n", *p);        // 此处"*"表示
    return 0;                                    // 对 p 所指向的数据进行访问
}
```
运行结果：
The value of x: 1
The value of *p: 1

　　在使用指针变量的时候，有几个错误是非常容易犯的，例 8-3 举例说明。例子中包含了四种情形，情形一、二都是前文所介绍过的能够正常执行的代码。情形三中，先进行了指针变量 p3 的定义，后续再对其进行赋值。但是，在后续赋值时，由于 p3 是已经定义存在的，"*p3"表示的是 p3 所指向的整型变量的数据。所以，提取变量 a3 的地址（指针类型）赋予 *p3（整型），这是不合理的。情形四中，定义指针变量 p4 之后，计划将变量 a4（整型）的值赋予 *p4（整型），但问题在于，p4 定义后仍未使其指向任何整型数据，所以"将 a4 的值赋予 p4 所指向的位置"

也是一个不合理的操作。

```
//Example8_3
#include <stdio.h>

int main() {
    // 情形一
    int a1 = 1;
    int *p1 = &a1;      // 声明 p1 的同时进行初始化
    printf("p1 = %ld, *p1 = %d\n", p1, *p1);

    // 情形二
    int a2 = 2;
    int *p2;            // 先声明 p2
    p2 = &a2;           // 再初始化 p2
    printf("p2 = %ld, *p2 = %d\n", p2, *p2);

    // 情形三
    int a3 = 3;
    int *p3;
    *p3 = &a3;
    printf("p3 = %ld, *p3 = %d\n", p3, *p3);

    // 情形四
    int a4 = 4;
    int *p4;
    *p4 = a4;
    printf("p4 = %ld, *p4 = %d\n", p4, *p4);
    return 0;
}
```
运行结果：
p1 = 6487540, *p1 = 1
p2 = 6487536, *p2 = 2

为了加深读者对于"指针变量的值"与"指针变量所指向的值"的理解，例 8-4
与例 8-5 进一步举例说明：

1. 改变指针变量的值，即改变指针变量的指向

```
//Example8_4
#include <stdio.h>

int main() {
    int a = 1, b = 2;
    int *p1, *p2, *p;
```

```
        p1 = &a;
        p2 = &b;
        printf("Before swapping:\n");
        printf("p1 = %ld, p2 = %ld\n", p1, p2);
        printf("*p1 = %d, *p2 = %d\n", *p1, *p2);
        printf("a = %d, b = %d\n", a, b);
        p = p1; p1 = p2; p2 = p;        // 交换两个指针变量的值
        printf("\nAfter swapping:\n");
        printf("p1 = %ld, p2 = %ld\n", p1, p2);
        printf("*p1 = %d, *p2 = %d\n", *p1, *p2);
        printf("a = %d, b = %d\n", a, b);
        return 0;
}
```

运行结果：
Before swapping:
p1 = 6487556, p2 = 6487552
*p1 = 1, *p2 = 2
a = 1, b = 2

After swapping:
p1 = 6487552, p2 = 6487556
*p1 = 2, *p2 = 1
a = 1, b = 2

上例中，"p = p1; p1 = p2; p2 = p;"实际上只是对指针变量的值的访问，所以进行的是 p1 和 p2 两个指针变量的值的交换，也即是交换它们的指向。但是，这并不会改变所指向的数据。因此，a 与 b 的值并未发生改变。图 8-2 进行了形象的示意。

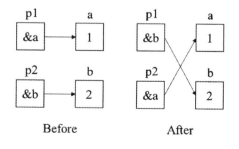

图 8-2   例 8-4 原理图

```
//Example8_5
#include <stdio.h>

int main() {
    int a = 1,b = 2;
    int *p1, *p2, tmp;
    p1 = &a;
    p2 = &b;
    printf("Before swapping:\n");
    printf("p1 = %ld, p2 = %ld\n", p1, p2);
    printf("*p1 = %d, *p2 = %d\n", *p1, *p2);
    printf("a = %d, b = %d\n", a, b);
    tmp = *p1; *p1 = *p2; *p2 = tmp;  // 交换两个指针变量所指向的值
    printf("\nAfter swapping:\n");
    printf("p1 = %ld, p2 = %ld\n", p1, p2);
    printf("*p1 = %d, *p2 = %d\n", *p1, *p2);
    printf("a = %d, b = %d\n", a, b);
    return 0;
}
```

运行结果：
Before swapping:
p1 = 6487560, p2 = 6487556
*p1 = 1, *p2 = 2
a = 1, b = 2

After swapping:
p1 = 6487560, p2 = 6487556
*p1 = 2, *p2 = 1
a = 2, b = 1

例 8-5 中，"tmp = *p1; *p1 = *p2; *p2 = tmp;" 实际上是对指针变量所指向的值的访问，所以进行的是 a 和 b 两个变量的值的交换。但是，这并没有改变 p1 和 p2 的指向。图 8-3 进行了形象的示意。

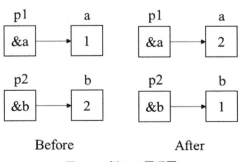

图 8-3　例 8-5 原理图

## 8.2　指针与数组

### 8.2.1　指针与数组的关系

　　与变量类似，数组及数组元素也有相应的内存地址，可以作为指针指向的对象。首先，数组的地址指的是数组的起始地址，也即是它的第一个元素的地址，也即是第一个元素的起始地址。这个地址可以由数组名直接表示。其次，数组元素的地址指的是数组中每一个元素的地址，即每一个元素的起始地址。其可以通过取址符"&"作用于每一个元素来获取。例 8-6 进行了说明。

```
//Example8_6
#include <stdio.h>

int main() {
    int a[5] = {3,6,1,9,4};
    int *p = a, *p0 = &a[0],
      *p1 = &a[1], *p2 = &a[2],
      *p3 = &a[3], *p4 = &a[4];
    printf("p = %ld\t*p = %d\n", p, *p);
    printf("p0 = %ld\t*p0 = %d\n", p0, *p0);
    printf("p1 = %ld\t*p1 = %d\n", p1, *p1);
    printf("p2 = %ld\t*p2 = %d\n", p2, *p2);
    printf("p3 = %ld\t*p3 = %d\n", p3, *p3);
    printf("p4 = %ld\t*p4 = %d\n", p4, *p4);
    return 0;
}
```

运行结果：
```
p = 6487504        *p = 3
p0 = 6487504       *p0 = 3
p1 = 6487508       *p1 = 6
p2 = 6487512       *p2 = 1
p3 = 6487516       *p3 = 9
p4 = 6487520       *p4 = 4
```

　　由于数组名 a 直接代表了数组的地址，所以将其赋予指针变量 p，从而 p 指向了数组的起始位置。而对于数组元素 a[0] ~ a[4]，通过取址并赋予指针变量 p0 ~ p4，从而让 p0 ~ p4 指向了相应的元素。从各个元素的地址值可知，相邻元素的地址都是相隔 4 个字节，正好是一个 int 元素所占的内存大小。图 8-4 对上述关系做了清晰的示意。在各个指针都有了具体的指向之后，便可以通过指针运算

符 "*" 来访问所指向的元素值。由于 p 和 p0 指向的是相同的位置（第一个元素），
所以 *p 和 *p0 的值自然是一样的。

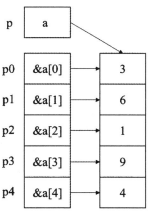

图 8-4　例 8-6 原理图

### 8.2.2　基于指针变量的数组元素访问

上例中，我们可以让指针变量指向数组元素，从而对数组元素进行访问。那么，
我们如何改变指针变量的指向，从而对不同的数组元素进行访问？

指针变量包含了地址作为它的值，它的值也是可变的，也即是指向是可变的。
C 语言中，指针变量执行 +、-、++、-- 运算实际上就是指针的移动。假设指针变
量 p 指向数组的起始位置,那么对指针变量的地址运算所代表的含义如表 8-3 所示，
图 8-5 对指针的移动进行了示意。

表 8-3　基于指针变量的地址运算

| 运算 | 含义 | 移动后地址 | 指针移动距离 |
|---|---|---|---|
| p = p + 1, p++, ++p | 指针移至<br>下一个元素 | p + 1*sizeof( 基类型 ) | 一个元素<br>所占字节数 |
| p = p - 1, p--, --p | 指针移至<br>上一个元素 | p - 1*sizeof( 基类型 ) | 一个元素<br>所占字节数 |
| p = p + i | 指针移至 a[i] | p + i*sizeof( 基类型 ) | i 个元素<br>所占字节数 |
| *(p+i) | 获取 a[i] 的值 | | |

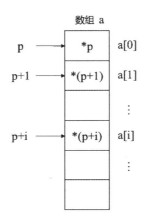

图 8-5　指针变量地址运算示意图

　　为了更好地理解基于指针变量的数组元素访问，例 8-7 进行举例说明。首先，指针变量 p1 和 p2 经过定义和初始化后，都指向了数组 a 的起始位置，也即是第一个元素的位置。从结果可知，当前位置的地址值为 6487536。随后 p1++ 移动了一个元素的距离，地址值变成了 6487540，正好移动了 4 个字节（1 个 int 类型元素所占用的空间），p1 当前指向的元素值为 6。而 p2 = p2 + 3 移动了三个元素的距离，地址值变成了 6487548，也即是移动了 12 个字节（3 个 int 类型元素所占用的空间），p2 当前指向的元素值为 9。

```
//Example8_7
#include <stdio.h>

int main() {
    int a[5] = {3,6,1,9,4};
    int *p1 = a;
    int *p2 = a;
    printf("Before:\n");
    printf("p1 = %ld\t*p1 = %d\n", p1, *p1);
    printf("p2 = %ld\t*p2 = %d\n", p2, *p2);
    p1++;
    p2 = p2 + 3;
    printf("After:\n");
    printf("p1 = %ld\t*p1 = %d\n", p1, *p1);
    printf("p2 = %ld\t*p2 = %d\n", p2, *p2);
    return 0;
}
```

运行结果：
Before:
p1 = 6487536　　　　*p1 = 3

```
p2 = 6487536        *p2 = 3
After:
p1 = 6487540        *p1 = 6
p2 = 6487548        *p2 = 9
```

### 8.2.3　基于数组名的数组元素访问

　　如前文所述，数组名本身就代表着数组的起始地址。但需要注意的是，数组名是一个地址常量，它的值是不能改变的，所以不能通过 +、−、++、−− 等操作去覆盖它原本的值，也即是它不像指针变量那样可以随意移动。但是，我们还是可以在 a 所表示的地址基础上，通过 +、− 运算计算出地址偏移量，获得相应元素所在的地址，从而进行元素访问。基于数组名的运算所代表的含义如表 8-4 所示，图 8-6 对地址的偏移进行了示意。

表 8-4　基于数组名的地址运算

| 运算 | 含义 | 偏移后地址 | 地址偏移距离 |
|---|---|---|---|
| a + 1 | 获取 a[1] 的地址 | a + 1*sizeof( 基类型 ) | 一个元素所占字节数 |
| a + i, &a[i] | 获取 a[i] 的地址 | a + i*sizeof( 基类型 ) | i 个元素所占字节数 |
| *(a+i), a[i] | 获取 a[i] 的值 | | |

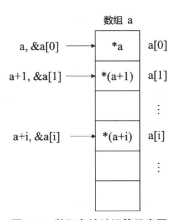

图 8-6　数组名地址运算示意图

　　为了更好地理解基于数组名的数组元素访问，例 8-8 进行举例说明。首先，由数组名 a 的值可知，数组 a 的起始地址为 6487552。以该地址为起点，a+1 表示

1 个 int 元素的偏移量（4 个字节），返回地址 6487556，该地址上的值为 6。类似地，以该地址为起点，a+3 表示 3 个元素的偏移量（12 个字节），返回地址 6487564，该地址上的值为 9。

```
//Example8_8
#include <stdio.h>

int main() {
    int a[5] = {3,6,1,9,4};
    printf("Before:\n");
    printf("a = %ld\t*a = %d\n", a, *a);
    printf("After:\n");
    printf("a+1 = %ld\t*(a+1) = %d\n", a+1, *(a+1));
    printf("a+3 = %ld\t*(a+3) = %d\n", a+3, *(a+3));
    return 0;
}
```

运行结果：
Before:
a = 6487552　　　　　*a = 3
After:
a+1 = 6487556　　　　*(a+1) = 6
a+3 = 6487564　　　　*(a+3) = 9

　　前文提及，获取变量、数组元素的地址，需要用取址符 "&"。上文也提到，数组名 a 本身就代表了数组的起始地址，通过 +、− 运算能计算出地址偏移量，找到相应的元素。但是，如果不注意对数组名执行了取址操作，也即是 "&a"，那会发生什么问题？例 8-9 对此进行了检验。首先，指针变量 p1、p2、p3 定义后采用三种不同的方式进行地址初始化，从它们的值（6618624）可以看出，三者都指向了相同的数组起始位置。随后，对这三个指针变量都执行了 "+1" 运算。运算之后，p1 和 p2 的值变为 6618628，也即是移动了 1 个 int 元素的距离（4 个字节）。但是，p3 的值变为 6618644，也即是移动了 5 个 int 元素的距离（20 个字节），这恰好是数组 a 整体的字节数。因此，可以得出的结论是：a、&a[0]、&a 三者的值（指向）是一样的（数组起始位置），但是 a、&a[0] 是基于 "元素" 层面的地址，而 &a 是基于 "数组" 层面的地址。因此，a、&a[0] 的地址运算实际上是以元素为单位进行偏移，而 &a 的地址运算则偏移了整个数组的距离。表 8-5 和图 8-7 对该操作进行了总结和示意。

```
//Example8_9
#include <stdio.h>

int main() {
    int a[5] = {3,6,1,9,4};
    int *p1 = a;
    int *p2 = &a[0];
    int *p3 = &a;
    printf("Before:\n");
    printf("p1 = %ld\t*p1 = %d\n", p1, *p1);
    printf("p2 = %ld\t*p2 = %d\n", p2, *p2);
    printf("p3 = %ld\t*p3 = %d\n", p3, *p3);
    p1 = a + 1;
    p2 = &a[0] + 1;
    p3 = &a + 1;
    printf("After:\n");
    printf("p1 = %ld\t*p1 = %d\n", p1, *p1);
    printf("p2 = %ld\t*p2 = %d\n", p2, *p2);
    printf("p3 = %ld\t*p3 = %d\n", p3, *p3);
    return 0;
}
```

```
运行结果：
Before:
p1 = 6618624        *p1 = 3
p2 = 6618624        *p2 = 3
p3 = 6618624        *p3 = 3
After:
p1 = 6618628        *p1 = 6
p2 = 6618628        *p2 = 6
p3 = 6618644        *p3 = 0
```

表 8-5　a 与 &a 的地址运算

| 运算 | 含义 | 偏移后地址 | 地址偏移距离 |
|------|------|-----------|------------|
| a + 1 | 获取 a[1] 的地址 | a + 1*sizeof（基类型） | 一个元素所占字节数 |
| &a + 1 | 获取数组之后的地址 | a + n*sizeof（基类型）<br>n 表示数组长度 | 所有元素所占字节数 |

### 8.2.4　数组元素访问的三种方法

到目前为止，我们已经掌握了三种不同的方法对数组元素进行访问：①下标法；②数组名法；③指针变量法。例 8-10 对这三种方法的使用进行总结，通过不同的方法完成数组元素的遍历。第一种方法是最直观简单的，它通过改变下标 i 来

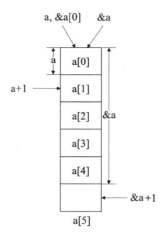

a, &a[0]　　&a

图 8-7　a 与 &a 地址运算示意图

遍历所有元素 a[i]。第二种方法把数组名 a 作为数组的起点，计算地址偏移量依次定位到所有的元素。第三种方法通过指针变量的值的改变（指向的移动）来访问所有的元素。

```
//Example8_10
#include <stdio.h>

int main() {
    int a[5] = {3,6,1,9,4};
    int i;
    int *p;
    printf("Approach 1: Index\n");          // 下标法
    for(i = 0; i < 5; i++) {
        printf("%d\t", a[i]);
    }
    printf("\n\nApproach 2: Array name\n");  // 数组名法
    for(i = 0; i < 5; i++) {
        printf("%d\t", *(a + i));
    }
    printf("\n\nApproach 3: Pointer\n");     // 指针变量法
    for(p = a; p < (a + 5); p++) {
        printf("%d\t", *p);
    }
    return 0;
}
```

运行结果：
Approach 1: Index
3　　　　6　　　　1　　　　9　　　　4

```
Approach 2: Array name
3        6        1        9        4

Approach 3: Pointer
3        6        1        9        4
```

## 8.3  指针与函数

变量可以与函数进行结合，作为函数的参数或返回值。那么指针变量作为一种地址类型的变量，也是可以与函数进行结合的。并且，指针与函数的结合还有其他特殊的用途。

### 8.3.1  指针作为函数参数

指针作为函数参数，实际上便是将一个地址传入函数，在函数体内通过地址找到相应的数据，并对其进行操作。如例 8-11 所示，函数 getMax 包含两个参数，都是指向 int 数据的指针类型（int *）。那么，在函数调用时，就需要传入相应的地址作为实际参数（p1 与 p2）。根据 p1 和 p2 提供的地址，以及指针运算符"*"，找到了变量 a 和 b 所包含的数值 8 和 6，比较后返回较大值 8。

```c
//Example8_11
#include <stdio.h>

int getMax(int *p1, int *p2);        // 指针参数

int main() {
    int a = 8, b = 6;
    int *p1, *p2;
    p1 = &a;
    p2 = &b;
    printf("Max = %d\n", getMax(p1, p2));        // 传入地址
    return 0;
}

int getMax(int *p1, int *p2) {
    int value1 = *p1;
    int value2 = *p2;
    int max = value1 > value2 ? value1 : value2;
```

```
    return max;
}
```

运行结果：
Max = 8

例 8-11 中，函数是通过指针作为参数来获得变量 a 和 b 的值，从而进行操作的。同时，由前面函数章节的内容可知，读者大可以定义一个 getMax(int a, int b) 函数，直接通过常规 int 类型的变量作为参数来达到同样的目的。那么，这两种方式有何区别？我们通过例 8-12 与例 8-13 进行比较。

首先，例 8-12 中定义了一个 addOne(int *p1, int *p2) 函数，它通过指针参数的形式，对传入的两个地址对应的值进行加一操作。由于参数是地址类型，所以在函数体内能够定位到变量 a 和 b 实际的内存位置，从而对其值进行加一。函数调用结束后，输出 a 和 b 的值，可以看到，它们的值都被加一了。

```c
//Example8_12
#include <stdio.h>

void addOne(int *p1, int *p2);

int main() {
    int a = 8, b = 6;
    int *p1, *p2;
    p1 = &a;
    p2 = &b;
    addOne(p1, p2);
    printf("a = %d\tb = %d\n", a, b);
    return 0;
}

void addOne(int *p1, int *p2) {
    int value1 = *p1 + 1;
    *p1 = value1;
    int value2 = *p2 + 1;
    *p2 = value2;
}
```

运行结果：
a = 9        b = 7

其次，类似地，例 8-13 中定义了一个 addOne(int a, int b) 函数，它直接传入 int 类型的两个值并进行加一操作。但是，回想前面章节的介绍，函数内定义的变量都属于局部变量，所以 addOne 函数中定义的 a 和 b 与 main 函数中定义的 a 和 b，其实是两组存放于不同内存位置的变量。函数传参时，main 函数中的 a 和 b 的值传给了 addOne 函数，并赋予 addOne 函数中的 a 和 b。随后，对 addOne 函数中的 a 和 b 进行加一操作，实际上并未改变 main 函数中的 a 和 b 的值。因此，最终再输出 a 和 b 的值，可以看到，它们的值并未改变。

```
//Example8_13
#include <stdio.h>

void addOne(int a, int b);

int main() {
    int a = 8, b = 6;
    addOne(a, b);
    printf("a = %d\tb = %d\n", a, b);
    return 0;
}

void addOne(int a, int b) {
    a++;
    b++;
}
```
运行结果：
a = 8        b = 6

　　由例 8-12、例 8-13 可知，它们底层实际的操作是不同的，读者在代码编写时，应根据实际需要采用。另外，例 8-12 相对于例 8-13 而言，还具有它自身的优势。回顾函数相关知识可知，函数的返回值只有一个，但是程序设计中，难免会存在需要传递多个参数给函数处理，并且再返回多个参数的处理结果的需求。在这种情况下，其实可以采用例 8-12 的方式来实现。具体而言，将需要操作的多个数据的地址提取出来，作为地址类型的参数传给函数，在函数体内通过地址寻找到这几个值所在的位置，并进行操作。操作结束后，根据同样的地址进行访问，便能得到操作过后的值。这便类似于将操作后的值进行"返回"。

　　上述的例子中是通过指针访问变量，然后将指针作为函数参数。其实，指针也可以访问数组，并作为函数的参数。例 8-14 中，addOne 函数包含两个参数，一个为地址类型的参数 array，它代表着数组的起始地址；另一个为 length，它代表着数组的长度。函数的作用是，获得数组地址及长度后，遍历其所有元素并对元素都进行加一操作。main 函数中定义了数组 a，通过 sizeof 计算出数组 a 的长度，并将数组名 a（代表着数组地址）及长度作为实际参数传给 addOne 函数。函数调用之后，可以看到，所有元素的值都被加一了。

```
//Example8_14
#include <stdio.h>

void addOne(int *array, int length);

int main() {
    int a[5] = {3,6,1,9,4};
    int length = sizeof(a) / sizeof(a[0]);
    addOne(a, length);
    int i;
    for(i = 0; i < length; i++){
        printf("a[%d] = %d\n", i, a[i]);
    }
    return 0;
}

void addOne(int *array, int length) {
    int *p;
    for(p = array; p < (array + length); p++) {
        *p = *p + 1;
    }
}
```
运行结果：
a[0] = 4
a[1] = 7
a[2] = 2
a[3] = 10
a[4] = 5

　　需要注意的是，虽然表面上是把数组传入函数进行操作，但实际上并不是将整个数组传入，而只是传入数组的起始地址。例 8-15 与例 8-14 的操作目的基本上是类似的，都是计划对数组中的所有元素进行加一操作，区别在于，例 8-15 中，数组长度的计算是在被调函数中进行的。main 函数中调用 addOne 函数并将函数名 a 作为实参传入，但是传入的仅仅是数组的起始地址。在 addOne 函数体中，sizeof(array) 实际上计算的是所传入的地址变量的大小，为 8 个字节，所以 length 的值为 2。最终，for 循环也只改变了数组中前 2 个元素的值，进行了加一，而剩余的 3 个元素值没有被影响。

```
//Example8_15
#include <stdio.h>

void addOne(int *array);

int main() {
    int a[5] = {3,6,1,9,4};
    addOne(a);
    int i;
    for(i = 0; i < 5; i++) {
        printf("a[%d] = %d\n", i, a[i]);
    }
    return 0;
}

void addOne(int *array){
    int *p;
    int length = sizeof(array) / sizeof(array[0]);
    printf("length: %d\n", length);
    printf("sizeof(array): %d\n", sizeof(array));
    printf("sizeof(array[0]): %d\n", sizeof(array[0]));
    for(p = array; p < (array + length); p++) {
        *p = *p + 1;
    }
}
```

运行结果：
length: 2
sizeof(array): 8
sizeof(array[0]): 4
a[0] = 4
a[1] = 7
a[2] = 1
a[3] = 9
a[4] = 4

## 8.3.2 指针作为函数返回值

除了作为函数参数以外，指针亦可作为函数的返回值。当指针作为函数返回值时，函数的返回值类型自然也需要被指定为指针类型。例 8-16 是关于指针作为函数返回值的一个例子。getMax 函数接收两个指针作为参数，并返回一个指针。它执行的操作是根据传入的两个地址，比较这两个地址上的值的大小，将较大值所对应的地址进行返回。main 函数中将变量 a 和 b 的地址传给 getMax 函数，比较得知变量 a 的值更大，所以返回变量 a 的地址。

```
//Example8_16
#include <stdio.h>

int *getMax(int *p1, int *p2);

int main() {
    int a = 8, b = 6, *p;
    int *p1 = &a;
    int *p2 = &b;
    p = getMax(p1, p2);
    printf("Max = %d\n", *p);
    printf("&a = %ld\n", &a);
    printf("p = %ld\n", p);
    return 0;
}

int *getMax(int *p1, int *p2) {
    int *p = p1;
    if(*p1 < *p2) {
        p = p2;
    }
    return p;
}
```

运行结果：
Max = 8
&a = 6487556
p = 6487556

类似地，函数中可以对数组元素进行操作，操作结束后，再将函数进行返回。但需要注意的是，C 语言中返回值只能有一个，所以函数返回的并不是整个数组中所有的元素，而只是数组的起始地址。例 8-17 中，addOne 函数接收所传入的数组 a，对 a 中的所有元素进行加一操作，最终将数组的起始地址返回。main 函数中接收了 addOne 函数返回的数组地址，遍历数组中的所有元素，可以看到，元素都被加一了。事实上，addOne 函数所返回的地址就是 main 函数中数组 a 的地址，所以 addOne 函数调用结束后，即便不返回数组地址，程序也一样可以根据数组名 a 所代表的地址，访问到所有被 addOne 函数操作过后的元素。

```
//Example8_17
#include <stdio.h>

int *addOne(int *array, int length);
```

```
int main() {
    int a[5] = {3,6,1,9,4};
    int length = sizeof(a) / sizeof(a[0]);
    int *p = addOne(a, length);
    int i;
    for(i = 0; i < length; i++) {
        printf("*(p + %d) = %d\n", i, *(p + i));
    }
    return 0;
}

int *addOne(int *array, int length) {
    int i;
    for(i = 0; i < length; i++) {
        *(array + i) = *(array + i) + 1;
    }
    return array;
}
```

运行结果：
*(p + 0) = 4
*(p + 1) = 7
*(p + 2) = 2
*(p + 3) = 10
*(p + 4) = 5

### 8.3.3　函数指针

变量、数组等对象是存储在内存当中的，它们都涉及内存地址，所以可以用指针变量来访问。事实上，函数在程序运行时也会被加载到内存中，等待程序的调用。所以，函数也一样涉及内存地址，并且函数名就代表了函数所在的内存地址。

函数指针，便是用来访问函数的一种间接方式。函数指针的定义方式如下：

```
// 语法
dataType *pointerName(type1 param1, …, typeN paramN);

// 举例
int (*p)(int a, int b); // 参数名 a 和 b 可以省略
```

一般而言，指针定义之后，都需要对其进行初始化或赋值，也即是让它指向具体的位置，这样才能通过指针访问到内存中的数据。所以，函数指针也需要指

向具体的函数，后续才能使用。由于函数名本身就代表着函数的起始地址，所以可以将该地址直接赋予函数指针，方式如下：

```
// 语法
pointerName = functionaName;

// 举例
p = getMax; //getMax 为已定义存在的函数 int getMax(int a, int b);
```

当函数指针与具体函数建立关联之后，便可以通过函数指针进行函数调用了，方式如下：

```
// 语法
*pointerName(argum1, …, argumN);

// 举例
(*p)(x, y); //x 和 y 为实际参数
```

例 8-18 举例说明函数指针的具体使用方法。代码中定义了一个 getMax 函数，它接收两个 int 类型的参数，进行大小的比较，然后将较大值进行返回。main 函数中首先定义了函数指针 p，它的形式与所要建立关联的 getMax 函数一致（返回值、参数）。其次，通过 "p = getMax;" 将函数指针指向了 getMax 函数。最后，通过 "c = (*p)(a, b);" 进行了函数调用，并将 a 和 b 作为实际参数传入函数。

```
//Example8_18
#include <stdio.h>

int getMax(int a, int b);

int main() {
    int (*p)(int, int); // 定义函数指针
    p = getMax; // 函数指针指向函数
    int a = 3, b = 5, c;
    c = (*p)(a, b); // 通过函数指针调用函数
    printf("Max = %d\n", c);
    return 0;
}

int getMax(int a, int b) {
```

```
    int c = a > b ? a : b;
    return c;
}
```

```
运行结果：
Max = 5
```

也许读者会觉得困惑，例 8-18 通过函数指针的方式再间接地执行函数，表面上当然没有直接使用 getMax 函数来得简洁、清晰。事实上，在常规、简单的程序当中，使用函数指针也许并没有太大的意义。但是，在某些特殊的情形下，函数指针可以将调用不同函数的过程变得非常灵活。例如，程序中需要调用并测试多个相似的函数，这些函数的返回值和参数一样，但是函数体不同。我们可以构建一个函数指针数组（数组元素是函数指针），每一个元素（函数指针）指向上述的一个具体函数。随后，便可以通过循环语句轻松地实现函数的批量调用。

```
for(int i = 0; i < N; i++) {
    (*p[i])(…);
}
```

## 8.4   指针与结构体

结构体是用户自定义的包含多个成员变量的数据类型，结构体变量与常规变量一样，也存储在内存当中，自然也是可以通过指针来访问的。用于访问结构体的指针，称为结构体指针。它的定义方式有如下两种。

（1）声明的同时进行定义：在声明结构体的同时，分号结束之前，罗列所要定义的结构体指针变量名，以逗号隔开。在这种同时声明、定义的方式下，结构体名称是可以省略的。

```
// 语法
struct StructName {
    dataType member1;
    ……
    dataType memberN;
} *p1, *p2, …, *pn;
```

```
// 举例
struct Date {
    int year;
    int month;
    int day;
} *p1, *p2; //p1, p2 是 Date 类型的结构体指针

// 举例
struct { //结构体名称可省略
    int year;
    int month;
    int day;
} *p1, *p2;
```

（2）声明之后再进行定义：在声明了结构体类型之后，如常规变量定义一样，用类型名称定义结构体指针变量。

```
// 语法
struct StructName {
    dataType member1;
    ……
    dataType memberN;
};
struct StructName *pointerName;

// 举例
struct Date {
    int year;
    int month;
    int day;
};
struct Date *p1, *p2; //p1, p2 是 Date 类型的结构体指针
```

一般而言，结构体指针是为了与某个具体的结构体变量建立关联。言外之意，需要将结构体变量的地址提取出来赋予结构体指针，操作方式如下：

```
// 语法
pointerName = &structVariableName;

// 举例
p1 = &date1;          //date1 是 Date 类型的结构体变量
p2 = &date2;          //date2 是 Date 类型的结构体变量
```

当结构体指针指向具体的结构体变量之后，便可以通过结构体指针对结构体

变量中的成员变量进行访问了。它的访问方式有两种：

（1）通过指针运算符"*"：

```
// 语法
(*pointerName).memberName;

// 举例
(*p1).year;            // 访问结构体变量 date1 中的 year 成员
(*p2).month;           // 访问结构体变量 date2 中的 month 成员
```

（2）通过箭头运算符"->"：

```
// 语法
pointerName->memberName;

// 举例
p1->year;              // 访问结构体变量 date1 中的 year 成员
p2->month;             // 访问结构体变量 date2 中的 month 成员
```

至此，访问结构体变量中的成员变量一共有三种方式：①通过结构体变量的点运算符。②通过结构体指针的指针运算符。③通过结构体指针的箭头运算符。例 8-19 中将这三种方式的使用进行了举例说明。

```
//Example8_19
#include <stdio.h>

struct Date {
    int year;
    int month;
    int day;
};

int main() {
    struct Date date1 = {2019, 1, 1};
    struct Date *p = &date1;
    printf("Year: %d\n", date1.year);      // 方式一
    printf("Month: %d\n", (*p).month);     // 方式二
    printf("Day: %d\n", p->day);           // 方式三
    return 0;
}
```
```
运行结果 :
Year: 2019
Month: 1
Day: 1
```

上述各个例子只是简单地针对语法进行介绍。在实际应用中，读者可以将各章节的内容进行巧妙的结合。例如，包含多个结构体变量作为元素的结构体数组，通过结构体指针来访问，并且该结构体指针还可以作为函数的参数或者返回值。从而，函数、数组、结构体、指针等都产生了关联，进行了综合的应用，以实现更强大、灵活的功能。

## 8.5　动态内存分配

在 C 语言中，变量在使用之前需要先进行定义，确定其数据类型及变量名称。通过变量名称，我们可以定位到内存当中的具体位置；通过数据类型，我们知道需要读取多少字节才能正确完整地获得变量的值。类似地，在定义数组时，早期的 C 语言编译器需要我们事先确定数组的长度，才能进行数组的定义。

但是，在某些特殊的情况下，我们实在无法事先知道这些信息，而是需要在程序运行之后动态地确定。这样一来，我们便无法定义变量并通过变量名称来获得相应的数据，也无法定义一个长度确定的数组来使用。为了解决这类问题，C 语言提供了动态内存分配的机制。

动态内存分配机制的实现，主要依赖于头文件 stdlib.h，它包含了一系列进行动态内存分配的函数，允许用户在程序执行过程中，动态地申请获取、调整、使用、释放内存。其中比较常用的，包括 malloc、calloc、realloc 和 free 四个函数。

1. malloc：申请连续内存空间

malloc 函数的语法如下：

```
// 语法
void *malloc(unsigned int s);
```

该函数用于申请长度为 s 个字节的连续内存空间。其中，s 为非负整数，函数返回值为所申请空间第一个字节的地址。该地址的类型为 void（表示指针所指数据的基类型未知），所以也常称函数返回的是一个 void 指针。malloc 函数申请到的内存空间是未被初始化的，所以其值是随机的。如果空间申请失败，malloc 函数会返回 NULL（空指针），即不指向任何位置的指针。实际上，NULL 是存在于头文件中的一个宏定义（#define NULL ((void *)0)），它的值为 0。空指针指向了内存中编号为 0

的字节，在该字节上不存放任何有意义的数据，并在概念上认为空指针即是不指向任何有意义数据的指针。

2. calloc：申请系列连续内存空间

calloc 函数的语法如下：

```
// 语法
void *calloc(unsigned int n, unsigned int s);
```

该函数用于申请 n 个长度为 s 个字节的连续空间。n 和 s 为非负整数，函数返回所申请空间第一个字节的地址（void 指针）。与 malloc 函数不同，calloc 函数申请到的内存空间数据会被初始化为 0，即数值型为 0、字符型为 '\0'。如果空间申请失败，calloc 函数会返回 NULL。

3. realloc：重新分配内存空间

realloc 函数的语法如下：

```
// 语法
void *realloc(void *p, unsigned int s);
```

该函数的作用是将已经获得的存储空间（通过指向该空间的指针 p）调整为 s 个字节。其中，s 为非负整数，函数返回所申请空间第一个字节的地址（void 指针）。如果 s 小于或等于原空间的大小，则返回的地址与 p 所指向的地址相同。如果 s 大于原空间的大小，程序会先判断原空间的相邻空间是否可用并进行空间扩展，返回的地址与 p 所指向的地址相同；但如果相邻空间不可用，程序会另寻新空间，并将数据拷贝至新空间中，同时返回新空间的地址，此时的地址与 p 所指向的地址不再相同。如果空间申请失败，realloc 函数会返回 NULL。

4. free：释放内存空间

free 函数的语法如下：

```
// 语法
void free(void *p);
```

该函数的作用是将已经申请获得且不再需要的内存空间（通过指向该空间的指针 p）进行释放，由系统收回另作他用。free 函数无返回值。

　　上述函数中，内存申请或者调整之后返回的是一个地址（void 类型指针）。需要注意的是，void 类型指针表示其指向的数据类型尚未确定。因此，虽然已经获得了相应的内存空间，但在使用之前，需要通过强制类型转换将 void 类型转换成计划使用的目标数据类型。例如：

```
int *p = (int *)malloc(1024);
```

通过 malloc 函数申请了 1024 个字节的内存空间，计划存放 int 类型的数据，可以通过指针 p 来访问。

　　例 8-20 说明了 malloc 函数的具体使用。首先，导入头文件"stdlib.h"，通过调用 malloc 函数申请了能够存放 5 个 int 数据（20 个字节）的连续内存空间，并通过强制类型转换，用其存放 int 类型数据，申请获得的空间起始地址赋给指针 p。随后，查看所分配空间上的数据，得知数据为未初始化的随机值。之后，通过指针 p，往该空间写入了 5 个 int 数据（1、3、5、7、9），并输出验证。一定程度上，这就类似于数组空间，存放着 5 个 int 元素。最后，通过 free 函数对内存进行释放，由系统收回。再输出空间上的数据时，已经变成了一些随机值，说明内存空间已被系统另作他用。

```c
//Example8_20
#include <stdio.h>
#include <stdlib.h> // 导入头文件

int main() {
    printf("Create dynamic memory:\n");
    int *p, i;
    p = (int *)malloc(5 * sizeof(int)); // 申请 5 个 int 数据的空间
    if(p != NULL) {
        printf("\nInitial data:\n");
        for(i = 0; i < 5; i++) { // 查看初始数据
            printf("p_%d = %d\n", i, *(p + i));
        }
        printf("\nEnter data:\n");
        for(i = 0; i < 5; i++) { // 往空间写入数据
            scanf("%d", p + i);
        }
        printf("\nAfter data input:\n");
        for(i = 0; i < 5; i++) { // 查看写入数据
            printf("p_%d = %d\n", i, *(p + i));
        }
        free(p); // 释放内存
```

```
        printf("\nAfter memory released:\n");
        printf("p = %ld\n", p);
        for(i = 0; i < 5; i++) {
            printf("p_%d = %d\n", i, *(p + i));
        }
    }
    return 0;
}
```

运行结果：
Create dynamic memory:

Initial data:
p_0 = 12784672
p_1 = 0
p_2 = 12779856
p_3 = 0
p_4 = 0

Enter data:
1
3
5
7
9

After data input:
p_0 = 1
p_1 = 3
p_2 = 5
p_3 = 7
p_4 = 9

After memory released:
p = 12806832
p_0 = 12784672
p_1 = 0
p_2 = 12779856
p_3 = 0
p_4 = 9

例 8-21 说明了 calloc 函数的具体使用。该例子与例 8-20 基本一致，区别仅在于内存空间的申请是通过 calloc 函数实现的。calloc 函数包含两个参数，表示 5 个 int 类型的数据所占的空间大小，也一样是 20 个字节。此外，查看所分配的内存空间上的数据可知，值是经过初始化的（为 0）。

```
//Example8_21
#include <stdio.h>
#include <stdlib.h>

int main() {
    printf("Create dynamic memory:\n");
    int *p, i;
    p = (int *)calloc(5, sizeof(int));
    if(p != NULL) {
        printf("\nInitial data:\n");
        for(i = 0; i < 5; i++) {
            printf("p_%d = %d\n", i, *(p + i));
        }
        printf("\nEnter data:\n");
        for(i = 0; i < 5; i++) {
            scanf("%d", p + i);
        }
        printf("\nAfter data input:\n");
        for(i = 0; i < 5; i++) {
            printf("p_%d = %d\n", i, *(p + i));
        }
        free(p);
        printf("\nAfter memory released:\n");
        printf("p = %ld\n", p);
        for(i = 0; i < 5; i++) {
            printf("p_%d = %d\n", i, *(p + i));
        }
    }
    return 0;
}
```

运行结果 :
Create dynamic memory:

Initial data:
p_0 = 0
p_1 = 0
p_2 = 0
p_3 = 0
p_4 = 0

Enter data:
1
3
5
7
9

```
After data input:
p_0 = 1
p_1 = 3
p_2 = 5
p_3 = 7
p_4 = 9

After memory released:
p = 1993392
p_0 = 1971232
p_1 = 0
p_2 = 1966416
p_3 = 0
p_4 = 9
```

最后，例 8-22 使用 realloc 函数对原空间进行动态扩展。首先，如例 8-20 一样，申请了 20 个字节的空间并存入 1、3、5、7、9 五个 int 数据。随后，调用 realloc 函数将已申请的空间扩展到 6 个 int 数据的大小（24 个字节），并在最后一个 int 数据的位置上填入 11。通过输出空间调整前后指针 p 的值可知，realloc 函数扩展空间时是从相邻空间获取的，因此起始地址未变（地址值为 12085936）。

```c
//Example8_22
#include <stdio.h>
#include <stdlib.h>

int main() {
    printf("Create dynamic memory:\n");
    int *p, i;
    p = (int *)malloc(5 * sizeof(int));
    if(p != NULL) {
        printf("p = %ld\n", p);
        printf("\nEnter data:\n");
        for(i = 0; i < 5; i++) {
            scanf("%d", p + i);
        }
        printf("\nAfter data input:\n");
        for(i = 0; i < 5; i++) {
            printf("p_%d = %d\n", i, *(p + i));
        }
        printf("\nAfter reallocation:\n");
        p = realloc(p, 6 * sizeof(int));
        *(p + 5) = 11;
        printf("p = %ld\n", p);
```

```
        for(i = 0; i < 6; i++) {
            printf("p_%d = %d\n", i, *(p + i));
        }
        free(p);
    }
    return 0;
}
```

运行结果：
Create dynamic memory:
p = 12085936

Enter data:
1
3
5
7
9

After data input:
p_0 = 1
p_1 = 3
p_2 = 5
p_3 = 7
p_4 = 9

After reallocation:
p = 12085936
p_0 = 1
p_1 = 3
p_2 = 5
p_3 = 7
p_4 = 9
p_5 = 11

# 实 验 案 例

实验案例 8-1：数列排序

【要求】

编写程序，读取用户输入的待排序整数个数 $n$ 以及具体的 $n$ 个整数。利用指针，输出排序（升序）后的数列。

【解答】

```
//Exercise8_1
#include <stdio.h>

void mySort(int *a, int n);

int main() {
    int n, i;
    printf("Please enter the number of integers: ");
    scanf("%d", &n);
    printf("Please enter all the integers:\n");
    int a[n];
    for(i = 0; i < n; i++) {
        printf("Integer #%d: ", i + 1);
        scanf("%d", &a[i]);
    }
    mySort(a, n);
    printf("\nSorted: ");
    for(i = 0; i < n; i++) {
        printf("%d\t", a[i]);
    }
    return 0;
}

void mySort(int *a, int n) {
    int *p, *tmp, *min, i;
    for(p = a; p < (a + n - 1); p++) {
        min = p;
        for(tmp = p + 1; tmp < (a + n); tmp++) {
            if(*tmp < *min) {
                min = tmp;
            }
        }
        if(min != p) {
            i = *p;
            *p = *min;
            *min = i;
        }
    }
}
```

输入:
Please enter the number of integers: 8
Please enter all the integers:
Integer #1: 8
Integer #2: 3
Integer #3: 6
Integer #4: 1
Integer #5: 0
Integer #6: 2
Integer #7: 9
Integer #8: 4

```
运行结果：
Sorted: 0        1       2       3       4       6       8       9
```

### 实验案例 8-2：四则运算

【要求】

编写程序，使用函数指针：

1. 定义参数为两个整型变量的加、减、乘、除四个函数,返回值为其运算结果（其中，除法结果取整即可）;

2. 读取用户输入的两个用于计算的非零整数 a、b;

3. 调用函数并依次输出加、减、乘、除运算的结果。

【解答】

```c
//Exercise8_2
#include <stdio.h>

int myAdd(int a, int b);
int mySub(int a, int b);
int myMul(int a, int b);
int myDiv(int a, int b);

int main() {
    int (*p[4])(int, int) = {myAdd, mySub, myMul, myDiv};
    int a, b, i;
    printf("Please enter a and b: ");
    scanf("%d%d", &a, &b);
    printf("The results are:\n");
    for(i = 0; i < 4; i++) {
        printf("%d\t", (*p[i])(a, b));
    }
    return 0;
}

int myAdd(int a, int b) {
    return a + b;
}

int mySub(int a, int b) {
    return a – b;
}

int myMul(int a, int b) {
    return a * b;
```

```
}

int myDiv(int a, int b) {
    return a / b;
}
```

输入：
Please enter a and b: 9 3

运行结果：
The results are:
12　6　27　3

实验案例 8-3：商品信息管理

【要求】

编写程序，使用指针：

1. 创建结构体 myP 表示商品（成员变量需包含商品编号、商品价格以及商品库存）；

2. 定义函数 myInit 及 myAdd，利用 malloc 函数分配第一个商品的地址，并利用 realloc 函数在此基础之上添加商品；

3. 定义函数 mySearch 及 myPrint，分别实现按商品编号查找以及输出全部商品信息。

【解答】

```
//Exercise8_3
#include <stdio.h>
#include <stdlib.h>

typedef struct {
    int ID;
    int price;
    int stock;
} myP;

int num = 0;

myP *myInit(int ID, int price, int stock);
myP *myAdd(int ID, int price, int stock, myP *p);
void mySearch(int ID, myP *p);
void myPrint(myP *p);
```

```c
int main() {
    myP *p = myInit(1, 10, 200);
    p = myAdd(2, 20, 400, p);
    p = myAdd(3, 30, 500, p);
    mySearch(3, p);
    mySearch(4, p);
    myPrint(p);
    free(p);
    return 0;
}

myP *myInit(int ID, int price, int stock) {
    myP *p = (myP *)malloc(sizeof(myP));
    p->ID = ID;
    p->price = price;
    p->stock = stock;
    num++;
    return p;
}

myP *myAdd(int ID, int price, int stock, myP *p) {
    myP *tmp = realloc(p, (num + 1) * sizeof(myP));
    tmp = tmp + num;
    tmp->ID = ID;
    tmp->price = price;
    tmp->stock = stock;
    num++;
    return p;
}

void mySearch(int ID, myP *p) {
    printf("Search result for ID=%d:\n", ID);
    int i, find = 0;
    for(i = 0; i < num; i++) {
        if((p + i)->ID == ID) {
            printf("%d\t%d\t%d\n", (p + i)->ID, (p + i)->price, (p + i)->stock);
            find = 1;
            break;
        }
    }
    if(find == 0) {
        printf("Not found!\n");
    }
}


void myPrint(myP *p) {
    int i;
```

```
    printf("\nID\tPrice\tStock\n");
    for(i = 0; i < num; i++) {
        printf("%d\t%d\t%d\n", (p + i)->ID, (p + i)->price, (p + i)->stock);
    }
}
```

运行结果：
Search result for ID=3:
3          30          500
Search result for ID=4:
Not found!

| ID | Price | Stock |
|----|-------|-------|
| 1  | 10    | 200   |
| 2  | 20    | 400   |
| 3  | 30    | 500   |

# 第 9 章　文本处理

## 9.1　字符

如今数据形式丰富多样，除了数值型、结构化的数据形式以外，还包括一类重要的形式：文本。对于数值型数据而言，数据处理无非是加减乘除等普通的算术运算。但是，对于非结构化的文本数据而言，其处理更多是查找、信息提取、比较、复制、替换、字母大小写转换等操作。如何自动、批量地对文本数据进行上述操作，是文本处理的核心内容。

C 语言中的文本数据，无非是由一系列的字符所组成。字符类型变量已经在前面的章节做过介绍。由于计算机无法直接存储字符，所以常见的字符都是按照 ASCII 码进行编码，从而用整型编码来表示字符。归根结底，字符型与整型是有密切的关联的。

但是，字符类型毕竟只是表示单个字符，而常见的文本是由一系列的字符所组成的。回顾前面章节所介绍的数组内容，自然可以想到是否可以通过字符数组来尽可能地表示文本。例如，例 9-1 定义了一个字符数组，存放 "A C Lecture" 这个文本中的各个字符，并通过 for 循环输出数组中所有的元素，似乎进行了简单的文本处理。

```
//Example9_1
#include <stdio.h>

int main() {
```

```
    char a[11];
    a[0]='A'; a[1]=' '; a[2]='C';
    a[3]=' '; a[4]='L'; a[5]='e';
    a[6]='c'; a[7]='t'; a[8]='u';
    a[9]='r'; a[10]='e';
    for(int i = 0; i < 11; i++) {
        printf("%c", a[i]);
    }
    return 0;
}
```
运行结果：
A C Lecture

值得一提的是，字符数组也和其他类型（如 int）的数组一般，除了例 9-1 中那样逐个元素进行赋值以外，也可以采用数组整体初始化。例如，数组 b 在大括号内罗列了所有的字符进行统一初始化；数组 c 定义时不需要指定长度，而由初始化所包含的元素个数确定。此外，若数组未完全初始化（提供的元素个数少于数组长度），则未初始化的元素会取默认值 0。如果数组为字符型,则默认值为空字符 '\0'（即 ASCII 码值为 0）。例如，数组 d 的第一个字符为 'A'，其余所有字符都为 '\0'。

```
char b[11] = {'A', ' ', 'C', ' ', 'L', 'e', 'c', 't', 'u', 'r', 'e'};
char c[] = {'A', ' ', 'C', ' ', 'L', 'e', 'c', 't', 'u', 'r', 'e'};
char d[11] = {'A'};
```

## 9.2　字符串

### 9.2.1　字符串的概念

虽然上述的字符数组似乎能够实现文本处理，但是实际操作起来还是有一定的不便或问题。例如，对文本进行处理，还是得以字符为单位，通过逐个的访问来实现。更重要的是，无法正确地判断文本的长短。例如，char a[11] 中存储了"A C Lecture"的 11 个字符，文本中字符的数量与数组的长度正好相等，读取所有的字符即可得到相应的文本。但是，假设后续程序运行过程中希望对文本进行重新赋值，计划用新文本"Hello"来替换并存入该数组，那么数组 a 中存放的文本可能就成为"Helloecture"（前 5 个字符被替换）。这就带来了一个问题，程序如何知道新的正确文本应该是"Hello"？当然，技术上总是有解决的办法。例如，程序中可以创建一个变量，用来实时记录数组中正确文本的长度，从而每次访问文本时都以这个长度为准。但是，这显然不是一个高效、便捷的方式。

C 语言中提供了一种解决方案。首先，文本在 C 语言中被称为字符串（string），它是包含了一系列字符的序列。但是，其他语言（如 Java、Python）中提供了专门的字符串类型（类似 int、double 类型）可以直接对字符串进行处理，而 C 语言中没有专门的字符串类型。字符串在 C 语言中仍然是依赖于字符数组来实现的。其次，为了能够便捷地识别字符数组中的正确文本，C 语言采用了字符串结束标志：空字符 '\0'。空字符的 ASCII 码为 0，一般而言，在系统中不表示任何有意义的数据，也不是一个能够显示的字符,因此被规定为字符串的结束标志。在一个字符数组中，不论实际长度大小，第一个空字符之前的所有字符所组成的文本，就是这个字符数组所表示的字符串。例如，以下是各个不同的字符数组所存储的元素，它们所对应的字符串都是 "Hello"：

| H | e | l | l | o | \0 | | | | | |
|---|---|---|---|---|----|---|---|---|---|---|
| H | e | l | l | o | \0 | \0 | \0 | \0 | \0 | \0 | \0 |
| H | e | l | l | o | \0 | W | o | r | l | d | ! |

### 9.2.2　字符串的定义和初始化

字符串的定义和初始化主要有以下两种方式，以字符串"A C Lecture"为例：

```
// 方式一
char s1[] = {"A C Lecture"};

// 方式二
char s2[] = "A C Lecture";
```

这两种方式，都是以字符数组作为载体，而数组长度不指定（根据初始化时提供的字符数量自动确定）。字符串需要用一对双引号（""）表示，这与单个字符用一对单引号（''）表示不同。显然，方式二比方式一少了一对大括号（{}），更加简洁，也更常用。

事实上，这两种方式，最终都是转换成字符数组的形式，其包含的字符如下：

```
// 方式三
char s3[] = {'A', ' ', 'C', ' ', 'L', 'e', 'c', 't', 'u', 'r', 'e', '\0'};
```

可以看出，双引号所定义的字符串在转换成字符数组时，会在字符串本身所包含的所有元素末尾再添加一个空字符（'\0'），作为字符串的结束标志。所以，对于包含同样元素的两个字符数组而言，末尾是否添加一个空字符，就成为区分它们是字符串或者普通字符数组的依据。读者当然也可以采用方式三来进行字符串的定义和初始化，但显然双引号的定义方式要容易得多。

需要注意的是，上述初始化方式只允许在定义的时候进行。如果是先定义再另行初始化，则会出现编译错误，例如：

```
char s1[12];
s1 = {"A C Lecture"};

char s2[12];
s2 = "A C Lecture";

char s3[12];
s3 = {'A', ' ', 'C', ' ', 'L', 'e', 'c', 't', 'u', 'r', 'e', '\0'};
```

即便考虑了字符串结束标志的存在，数组长度设为 12，上述方式也是存在编译错误的。回顾数组的内容，数组名代表着数组的起始地址，它是一个地址类型的常量。常量，自然不接受赋值符 = 对它的赋值操作。所以，当定义和初始化分步进行时，定义之后就只能通过对数组元素进行逐一赋值来完成。

上述的三种方式，其实都说明了，字符串的长度（数组的有效字符长度）与数组的实际长度是有差异的，两者相差 1。如例 9-2 所示。

```
//Example9_2
#include <stdio.h>

int main() {
    char s1[] = {"A C Lecture"};
    char s2[] = "A C Lecture";
    char s3[] = {'A', ' ', 'C', ' ', 'L', 'e', 'c', 't', 'u', 'r', 'e', '\0'};
    char a[] = {'A', ' ', 'C', ' ', 'L', 'e', 'c', 't', 'u', 'r', 'e'};
    printf("Size of s1 = %d\n", sizeof(s1));
```

```
    printf("Size of s2 = %d\n", sizeof(s2));
    printf("Size of s3 = %d\n", sizeof(s3));
    printf("Size of a = %d\n", sizeof(a));
    return 0;
}
```

运行结果：
Size of s1 = 12
Size of s2 = 12
Size of s3 = 12
Size of a = 11

如上所述，s1、s2、s3 其实都是字符串的定义。对于例子中的字符串而言，它一共包含了 11 个有效字符，所以有效长度是 11。但由于 C 语言会自动为字符串添加一个结束标志，所以它们数组中实际的字符是 12 个，数组实际长度是 12。但是，数组 a 就是一个普通的字符数组，所以它的有效长度和实际长度都一样是 11。这也体现了一个需要注意的地方，就是在定义字符数组存放字符串时，如果要指定数组长度，记得给结束标志预留一个字符位置。

### 9.2.3　字符串的输入输出

定义并初始化字符串之后，接下来需要对它进行访问。假设我们需要将字符串进行正确的输出，我们可以通过循环语句对字符串所在的字符数组进行元素遍历，并判断是否已经到达空字符，从而结束。但是，这是一个比较低效的办法。C语言中提供了一些高效的字符串访问方式。

1. 通过 printf 与 scanf 函数

前面的章节介绍了多个格式标识符，如"%d"代表整型、"%c"代表字符型、"%f"和"%lf"代表浮点型等。C 语言中规定了"%s"代表字符串类型，因此可以通过printf 与 scanf 函数结合"%s"来对字符串进行输入输出。

如例 9-3 所示，printf 函数中指定了"%s"格式来输出 s1、s2、s3 三个字符串。在"%s"的作用下，printf 函数会自动识别空字符所在的位置，从而正确地将空字符前的字符串进行输出。

```
//Example9_3
#include <stdio.h>
```

```
int main() {
    char s1[] = {"A C Lecture"};
    char s2[] = "A C Lecture";
    char s3[] = {'A', ' ', 'C', ' ', 'L', 'e', 'c', 't', 'u', 'r', 'e', '\0'};
    printf("s1: %s\n", s1);
    printf("s2: %s\n", s2);
    printf("s3: %s\n", s3);
    return 0;
}
```

运行结果：
s1: A C Lecture
s2: A C Lecture
s3: A C Lecture

如例 9-4 所示，scanf 函数结合 "%s" 可以将用户所输入的字符串保存到目标字符数组当中。程序运行后，用户输入 "Nice"，包括空字符一共 5 个字符，存入了字符数组 s 当中。随后通过 printf 函数验证了所输入字符串的内容。

```
//Example9_4
#include <stdio.h>

int main() {
    char s[5];
    printf("Please enter: ");
    scanf("%s", s);
    printf("s: %s\n", s);
    return 0;
}
```

运行结果：
Please enter: Nice
s: Nice

但是，读者在使用 scanf 函数输入字符串时，容易出现以下问题。如例 9-5 所示，程序当中定义了一个长度为 20 的字符数组 s，并输入字符串 "Nice to meet you"。包括空字符在内一共 17 个字符，s 数组是足够存放的。但是，输入结束后通过 printf 输出，发现字符串内容为 "Nice"。事实上，scanf 函数被调用，遇到用户输入空格符、制表符、回车符时，则认为用户输入已经结束。因为 scanf 函数中只指定了一个 "%s"，所以程序认为只有一个字符串需要输入。因此，在用户输入 "Nice" 以及空格符后，scanf 函数便调用结束。后续的 "to meet you" 部分不再读取。

```
//Example9_5
#include <stdio.h>

int main() {
    char s[20];
    printf("Please enter: ");
    scanf("%s", s);
    printf("s: %s\n", s);
    return 0;
}
```

运行结果：
Please enter: Nice to meet you
s: Nice

为了解决例 9-5 中的问题，使得程序能够完整地读取用户输入的全部内容，可以通过多个字符数组来接收。如例 9-6 所示，程序中定义了 s1、s2、s3、s4 四个字符数组，在 scanf 函数中指定了四个 "%s"。用户在输入 "Nice to meet you" 时，正好被程序识别为四个不同的字符串，从而分别存放在四个数组当中。最终，通过 printf 验证可知，程序正确完整地读取了用户输入的字符串。

```
//Example9_6
#include <stdio.h>

int main() {
    char s1[5], s2[5], s3[5], s4[5];
    printf("Please enter: ");
    scanf("%s%s%s%s", s1, s2, s3, s4);
    printf("%s %s %s %s\n", s1, s2, s3, s4);
    return 0;
}
```

运行结果：
Please enter: Nice to meet you
Nice to meet you

### 2. 通过 puts 与 gets 函数

printf 与 scanf 是一组"通用型"标准输入输出函数，只要指定相应的格式标识符，就可以适用在各类型数据的输入输出当中。对于字符串的输入输出而言，一方面，每次都需要指定 "%s"；另一方面，输入的字符串当中还不能含有空格符、制表符等字符（否则认为输入结束）。因此，使用这组函数仍然不是非常方便。

对此，puts 与 gets 函数可以解决上述问题，实现字符串的输入输出。puts 函数与 gets 函数是专门针对字符串使用的，因此在调用时不需要指定数据类型"%s"，函数参数便是所要访问的字符串。此外，这组函数是针对一条字符串的输入输出，所以即便这条字符串当中包含空格符、制表符等字符，也是一样能够识别处理的。当然，这换来的问题便是这组函数无法同时处理多条字符串。

puts 函数会依次输出字符数组中的元素，并将最后的空字符（'\0'）替换成换行符（'\n'）输出。因此，它在输出后能够实现换行。gets 函数在用户输入回车符后结束，将读取的换行符（'\n'）替换成空字符（'\0'）保存进字符数组当中。gets 函数含有一个返回值，即存放所输入字符串的内存区域的起始位置。当然，不需要该返回地址时，也可以不进行接收。

例 9-7 举例说明这组函数的使用，程序通过 gets 函数读取用户输入的字符串"Nice to meet you"，存放于字符数组 s 当中。随后，通过 puts 函数，将字符串进行输出。

```
//Example9_7
#include <stdio.h>

int main() {
    char s[20];
    puts("Please enter: ");
    char *p = gets(s);
    puts(s);
    return 0;
}
```

运行结果：
Please enter: Nice to meet you
Nice to meet you

### 9.2.4　字符串处理函数

对字符串的处理，远远不止输入输出这组简单的操作。我们常常还需要对字符串进行查找、信息提取、比较、复制、替换、字母大小写转换等操作。为了方便用户对字符串的处理，C 语言的标准函数库中提供了一些字符串处理的常用函数。这些函数均存放在头文件 string.h 之中。因此，当我们需要使用这些函数时，应在程序中通过 #include 指令将头文件导入。下面介绍几种常用的字符串处理函数。

1. 字符串长度：strlen(s)

strlen 函数能够识别并返回字符串 s 的长度，即字符数组中不包含空字符在内的有效字符数量。具体使用方式如例 9-8 所示。例子中包含 "A C Lecture" 的字符串常量以及 s1、s2、s3 共四种形式的字符串，通过 sizeof 可知数组中元素个数为 12 个（包括空字符），但是 strlen 函数返回的有效长度都为 11。

```
//Example9_8
#include <stdio.h>
#include <string.h>

int main() {
    char s1[] = {"A C Lecture"};
    char s2[] = "A C Lecture";
    char s3[] = {'A', ' ', 'C', ' ', 'L', 'e', 'c', 't', 'u', 'r', 'e', '\0'};
    printf("Size = %d\n", sizeof("A C Lecture"));
    printf("Size of s1 = %d\n", sizeof(s1));
    printf("Size of s2 = %d\n", sizeof(s2));
    printf("Size of s3 = %d\n", sizeof(s3));
    printf("Length = %d\n", strlen("A C Lecture"));
    printf("Length of s1 = %d\n", strlen(s1));
    printf("Length of s2 = %d\n", strlen(s2));
    printf("Length of s3 = %d\n", strlen(s3));
    return 0;
}
```

运行结果：
Size = 12
Size of s1 = 12
Size of s2 = 12
Size of s3 = 12
Length = 11
Length of s1 = 11
Length of s2 = 11
Length of s3 = 11

2. 字符串比较：strcmp(s1, s2) / strncmp(s1, s2, n)

strcmp 函数进行字符串 s1 和 s2 的大小比较，主要比较的是 ASCII 码值的大小。该函数会从 s1 和 s2 的第一对（元素下标为 0）字符开始比较，若相等，则继续比较第二对（元素下标为 1）。依次往下，直到存在不一样大小的字符为止。如果可比较的字符全部相等，则较短的字符串小于较长的字符串。当 s1 大于 s2 时，函数返回正数；当 s1 小于 s2 时，函数返回负数；当两个字符串相等时，函数返回 0。

如例 9-9 所示，s1 和 s2 的区别在于最后的字符 'E' 和 'e'，ASCII 码值小写字母 'e'
（ASCII 码值为 101）比大写字母 'E'（ASCII 码值为 69）的大，所以 s1 小于 s2。而
s1 和 s3 的前四个字符都相同，且 s3 短于 s1，因此 s3 小于 s1。运行的结果中，正
数为 1，负数为 -1。但需要注意，在不同的环境中，不一定会输出 1 和 -1 这两个值。
所以，为了能够正确地判断大小，应该用条件表达式判断返回值是正数（大于 0）
还是负数（小于 0）。

```
//Example9_9
#include <stdio.h>
#include <string.h>

int main() {
    char s1[] = "ABCDE";
    char s2[] = "ABCDe";
    char s3[] = "ABCD";
    printf("strcmp(s1, s2) = %d\n", strcmp(s1, s2));
    printf("strcmp(s2, s1) = %d\n", strcmp(s2, s1));
    printf("strcmp(s1, s1) = %d\n", strcmp(s1, s1));
    printf("strcmp(s1, s3) = %d\n", strcmp(s1, s3));
    return 0;
}
```
```
运行结果：
strcmp(s1, s2) = -1
strcmp(s2, s1) = 1
strcmp(s1, s1) = 0
strcmp(s1, s3) = 1
```

strncmp 函数的原理与 strcmp 基本类似，只不过它的第三个参数 n 要求只对 s1
和 s2 两个字符串的前 n 个字符进行比较。如例 9-10 所示，s1 和 s2 的前四个字符
都相等，所以直到第五个字符时才比较出大小。

```
//Example9_10
#include <stdio.h>
#include <string.h>

int main() {
    char s1[] = "ABCDE";
    char s2[] = "ABCDe";
    printf("strncmp(s1, s2, 3) = %d\n", strncmp(s1, s2, 3));
    printf("strncmp(s1, s2, 4) = %d\n", strncmp(s1, s2, 4));
    printf("strncmp(s1, s2, 5) = %d\n", strncmp(s1, s2, 5));
```

```
    return 0;
}
```

运行结果：
strncmp(s1, s2, 3) = 0
strncmp(s1, s2, 4) = 0
strncmp(s1, s2, 5) = −1

3. 字符串连接：strcat(s1, s2) / strncat(s1, s2, n)

strcat 函数将 s1 和 s2 字符串进行连接。它的具体操作是，将 s1 末尾的空字符去掉，从该位置开始，将 s2 的所有字符复制到 s1 的尾部，且保留 s2 末尾的空字符，最终返回 s1 的起始地址。如例 9–11 所示，将 s2 的字符串 "EFG" 连接到 s1 的字符串 "ABCD" 末尾。事实上，strcat 操作只会改变 s1 的值，而 s2 的值不变。

```
//Example9_11
#include <stdio.h>
#include <string.h>

int main() {
    char s1[10] = "ABCD";
    char s2[] = "EFG";
    printf("Before concatenation:\n");
    printf("s1 = %s\n", s1);
    printf("s2 = %s\n", s2);
    printf("After concatenation:\n");
    printf("Concatenated string = %s\n", strcat(s1, s2));
    printf("s1 = %s\n", s1);
    printf("s2 = %s\n", s2);
    return 0;
}
```

运行结果：
Before concatenation:
s1 = ABCD
s2 = EFG
After concatenation:
Concatenated string = ABCDEFG
s1 = ABCDEFG
s2 = EFG

strcat 函数在使用时，稍不注意便会出现问题。如例 9–12 所示，数组在定义及初始化后，s1 长度被确定为 5，s2 被确定为 11。strcat 函数将 s2 连接到 s1 的尾部，最终连接后的目标字符串 "ABCDEFGHIJKLMN"（包括空字符，共需要 15 个字符位置）明显超出 s1 数组所能容纳的长度。但是，程序的运行及结果似乎一切正常。这主要在于 C 语言不做范围检查（例如数组下标是否越界），所以 strcat 函数在执行时，它照样会找到 s1 末尾的空字符并去掉，然后将 s2 的所有字符连接上。随后 printf 函数按照字符串格式"%s"输出时，它识别到 s2 末尾的空字符是连接后整个字符串的结束标志。因此，连接后的字符串输出也是正常的。但显然，这个连接过程中，已经越界使用了未事先申请的内存空间。例如，元素 s1[8] 是在数组 s1 合理内存区间之外的一个数据，从连接前后元素值的变化可知，连接过程有访问到这个位置（重新赋值）。这种对未事先申请的内存空间的访问是非常危险的。

```c
//Example9_12
#include <stdio.h>
#include <string.h>

int main() {
    char s1[] = "ABCD";
    char s2[] = "EFGHIJKLMN";
    printf("Before concatenation:\n");
    printf("Size of s1 = %d\n", sizeof(s1));
    printf("Size of s2 = %d\n", sizeof(s2));
    printf("s1[8] = %c\n", s1[8]); // 连接前的内容
    printf("Length of s1 = %d\n", strlen(s1));
    printf("Length of s2 = %d\n", strlen(s2));
    printf("After concatenation:\n");
    printf("Concatenated string = %s\n", strcat(s1, s2));
    printf("Size of s1 = %d\n", sizeof(s1));
    printf("Size of s2 = %d\n", sizeof(s2));
    printf("s1[8] = %c\n", s1[8]); // 连接后的内容
    printf("Length of s1 = %d\n", strlen(s1));
    printf("Length of s2 = %d\n", strlen(s2));
    return 0;
}
```

运行结果：
```
Before concatenation:
Size of s1 = 5
Size of s2 = 11
s1[8] =
Length of s1 = 4
Length of s2 = 10
After concatenation:
Concatenated string = ABCDEFGHIJKLMN
Size of s1 = 5
Size of s2 = 11
```

```
s1[8] = I
Length of s1 = 14
Length of s2 = 10
```

为了解决上述问题，自然需要事先申请足够的空间，能够容纳得下连接之后的新字符串。如例 9–13 所示，s1 定义时就申请了 20 个元素的空间，预留了充足的合理内存区间供后续字符串连接使用。

```c
//Example9_13
#include <stdio.h>
#include <string.h>

int main() {
    char s1[20] = "ABCD";
    char s2[15] = "EFGHIJKLMN";
    printf("Before concatenation:\n");
    printf("Size of s1 = %d\n", sizeof(s1));
    printf("Size of s2 = %d\n", sizeof(s2));
    printf("s1[8] = %c\n", s1[8]);
    printf("Length of s1 = %d\n", strlen(s1));
    printf("Length of s2 = %d\n", strlen(s2));
    printf("After concatenation:\n");
    printf("Concatenated string = %s\n", strcat(s1, s2));
    printf("Size of s1 = %d\n", sizeof(s1));
    printf("Size of s2 = %d\n", sizeof(s2));
    printf("s1[8] = %c\n", s1[8]);
    printf("Length of s1 = %d\n", strlen(s1));
    printf("Length of s2 = %d\n", strlen(s2));
    return 0;
}
```

运行结果：
```
Before concatenation:
Size of s1 = 20
Size of s2 = 15
s1[8] =
Length of s1 = 4
Length of s2 = 10
After concatenation:
Concatenated string = ABCDEFGHIJKLMN
Size of s1 = 20
Size of s2 = 15
s1[8] = I
Length of s1 = 14
Length of s2 = 10
```

strncat 函数的原理与 strcat 基本类似，只不过它的第三个参数 n 要求只将 s2 数组中的前 n 个字符连接到 s1 的末尾。如例 9-14 所示，程序将 s4 中的前 1、2、3 个字符分别连接到 s1、s2、s3 的尾部。

```
//Example9_14
#include <stdio.h>
#include <string.h>

int main() {
    char s1[10] = "ABCD";
    char s2[10] = "ABCD";
    char s3[10] = "ABCD";
    char s4[] = "EFG";
    printf("s1 = %s\n", strncat(s1, s4, 1));
    printf("s2 = %s\n", strncat(s2, s4, 2));
    printf("s3 = %s\n", strncat(s3, s4, 3));
    return 0;
}
```
运行结果：
s1 = ABCDE
s2 = ABCDEF
s3 = ABCDEFG

4. 字符串复制：strcpy(s1, s2) / strncpy(s1, s2, n)

strcpy 函数将字符串 s2（包含空字符）复制到字符串 s1 所在的数组中。它的具体操作是，将 s2 中所有的有效字符以及空字符复制并替换字符串 s1 所在的数组的前端，而 s1 中未被替换的元素将保留原值。如例 9-15 所示，strcpy 函数将 s2 的 4 个字符（包括空字符）复制并替换 s1 中的前 4 个元素。复制结束后，在输出 s1 时，检测到其第 4 个字符就是空字符，因此字符串结束，所以 s1 中的字符串实际上也变成了"abc"。但值得一提的是，s1 数组后半部分在复制的过程中未受影响，可以验证，s1[4]、s1[5] 及 s1[6] 仍保留着原本的元素值。

```
//Example9_15
#include <stdio.h>
#include <string.h>

int main() {
    char s1[] = "ABCDEFG";
    char s2[] = "abc";
    printf("Before copy:\n");
```

```
    printf("s1 = %s\n", s1);
    printf("s2 = %s\n", s2);
    printf("After copy:\n");
    strcpy(s1, s2);
    printf("s1 = %s\n", s1);
    printf("s2 = %s\n", s2);
    printf("s1[3] = %c\n", s1[3]);  // 被替换成 s2 中的空字符
    printf("s1[4] = %c\n", s1[4]);  // 保留 s1 中的 'E'
    printf("s1[5] = %c\n", s1[5]);  // 保留 s1 中的 'F'
    printf("s1[6] = %c\n", s1[6]);  // 保留 s1 中的 'G'
    return 0;
}
```

```
运行结果：
Before copy:
s1 = ABCDEFG
s2 = abc
After copy:
s1 = abc
s2 = abc
s1[3] =
s1[4] = E
s1[5] = F
s1[6] = G
```

例 9–15 中，s1 的长度要大于 s2 的长度，所以在复制替换的过程中不会出现问题。但需要注意，strcpy 函数在使用时，如果 s1 的长度小于 s2，也是会出现类似字符串连接超出合理内存区间的问题。因此，字符串复制也要确保事先申请足够的内存空间，以接纳存储新的字符串。

strncpy 函数的原理与 strcpy 基本类似，只不过它的第三个参数 n 要求只将 s2 数组中的前 n 个字符复制到 s1 中。如例 9–16 所示，s5 中共 4 个元素（第 4 个为空字符）。所以在复制 s5 的前 3 个字符时，空字符并未被复制。但从第 4 个字符开始，空字符将会被一同复制至目标字符串当中。空字符是否被一并复制使得最终字符串的实际内容产生了区别。

```
//Example9_16
#include <stdio.h>
#include <string.h>

int main() {
    char s1[] = "ABCDEFG";
```

```
    char s2[] = "ABCDEFG";
    char s3[] = "ABCDEFG";
    char s4[] = "ABCDEFG";
    char s5[] = "abc";
    strncpy(s1, s5, 1);
    printf("s1 = %s\n", s1);
    strncpy(s2, s5, 2);
    printf("s2 = %s\n", s2);
    strncpy(s3, s5, 3);
    printf("s3 = %s\n", s3);
    strncpy(s4, s5, 4);
    printf("s4 = %s\n", s4);
    return 0;
}
```

运行结果：
s1 = aBCDEFG
s2 = abCDEFG
s3 = abcDEFG
s4 = abc

## 5. 字符串字母大小写转换：strlwr(s) / strupr(s)

strlwr 函数将字符串中的英文字母转成小写字母，而 strupr 函数将字符串中的
英文字母转成大写字母。非英文字母则不受影响，如例 9-17 所示。

```
//Example9_17
#include <stdio.h>
#include <string.h>

int main() {
    char s1[] = "AbCdE12345+?!";
    char s2[] = "AbCdE12345+?!";
    printf("Before strlwr():\n");
    printf("s1 = %s\n", s1);
    printf("After strlwr():\n");
    strlwr(s1);
    printf("s1 = %s\n", s1);
    printf("Before strupr():\n");
    printf("s2 = %s\n", s2);
    printf("After strupr():\n");
    strupr(s2);
    printf("s2 = %s\n", s2);
    return 0;
}
```

运行结果：

```
Before strlwr():
s1 = AbCdE12345+?!
After strlwr():
s1 = abcde12345+?!
Before strupr():
s2 = AbCdE12345+?!
After strupr():
s2 = ABCDE12345+?!
```

在实际应用中，字母大小写转换还是非常有用的。例如，当需要在一段文本当中判断是否存在"happy"这个关键词时,由于文本格式比较灵活,它可以以"happy""Happy""HAPPY"等不同的可能形式存在。因此判断起来较为烦琐。但是，读者可以将文本统一转成小写（或大写），再判断其是否包含"happy"（或"HAPPY"），便容易得多了。

## 9.3  字符指针

### 9.3.1  字符指针的概念

在 C 语言中,字符串实际上是以字符数组的形式存储的。前面的章节也介绍过，数组与指针是密切关联的，可以用指针来便捷地访问数组元素。因此，字符串自然也可以通过字符类型的指针来进行操作。

### 9.3.2  字符指针的定义和初始化

字符串的定义和初始化可以通过字符指针的方式来实现，而字符指针的定义如其他类型的指针定义一样。类似地，以字符串"A C Lecture"为例：

```
// 方式一
char *p1 = {"A C Lecture"};

// 方式二
char *p2 = "A C Lecture";
```

与字符数组不同，上述字符指针 p1 和 p2 也一样地定义了字符串"A C Lecture"。回顾上文，字符数组中字符串的整体初始化需要在定义的时候同步进行，如果是先定义再另行初始化，则会出现编译错误。但是，通过字符指针的方式定义字符串，则灵活得多。例如：

```
char s[12];
s = "A C Lecture";    // 不允许

char *p;
p = "A C Lecture";    // 允许
```

此外，不仅初始化，对定义之后的字符串进行重新赋值，也有不同规定。例如：

```
char s[12] = "A C Lecture";     // 允许
s = "Programming";              // 重新赋值：不允许
s = "Computer Language";        // 重新赋值：不允许

char *p = "A C Lecture";        // 允许
p = "Programming";              // 重新赋值：允许
p = "Computer Language";        // 重新赋值：允许
```

从比较中可以看出，字符指针操作字符串的方式要比字符数组灵活得多。其主要原因在于：字符数组的数组名是一个地址类型的常量，它在定义之后不能通过赋值符对其进行赋值；而字符指针是一个字符类型的指针变量，变量的值是可变的，所以可以随时用赋值符对它进行重新赋值。事实上，字符串定义时的一对双引号在执行三个步骤的操作：①向内存申请空间。②将字符串存储进内存空间。③返回该字符串/空间的起始地址。因此，我们可以随时用字符指针来接收所返回的地址。言外之意，在对字符指针重新赋值时，实际上是在内存当中创建了一个新的字符串，并让该指针指向这个新的字符串。

### 9.3.3 字符串的输入输出（基于字符指针）

如上文所述，存储在字符数组的字符串的输出可以通过 printf 与 puts 函数来完成。在这些函数中，所传递的参数是字符数组的数组名（也即是字符串所在的地址）。同理，字符指针所包含的也是字符串的地址，所以自然可以将字符指针作为参数传给 printf 与 puts 函数来实现字符串的输出，如例 9-18 所示。

```
//Example9_18
#include <stdio.h>
```

```
int main() {
    char *p = "A C Lecture";
    printf("%s\n", p);
    puts(p);
    return 0;
}
```

运行结果：
A C Lecture
A C Lecture

　　但是，对于字符串输入而言，情况就不同了。字符指针作为一个指针变量，它所能接收的是一个地址值。字符指针本身并不像字符数组那样直接包含了可以存放数据的内存空间。所以，如例 9-19 所示，意图通过 scanf 或者 gets 函数对字符指针输入字符串的，都是不合理的操作。

```
//Example9_19
#include <stdio.h>

int main() {
    char *p1, *p2;
    printf("Please enter p1: ");
    scanf("%s", p1);              // 不合理的操作
    printf("p1: %s", p1);
    printf("Please enter p2: ");
    gets(p2);                     // 不合理的操作
    printf("p2: %s", p2);
    return 0;
}
```

　　可是，如果字符指针已经指向一片可以存放字符串的数据，那是否可以通过 scanf 或者 gets 函数对字符指针输入字符串呢？如例 9-20 所示，p1 和 p2 已经事先指向了一片存放了"A C Lecture"字符串的空间。但对 p1 和 p2 进行字符串输入，也是不合理的操作。这是因为，通过字符指针直接创建的"A C Lecture"是字符串常量。所以，尝试通过 p1 和 p2 对内存区域中的字符串常量重新写入新的值，是不允许的操作。而上述对字符指针的重新赋值，只不过是让指针指向新的字符串常量罢了。

```
//Example9_20
#include <stdio.h>

int main() {
```

```
    char *p1 = "A C Lecture";
    char *p2 = "A C Lecture";
    printf("Please enter p1: ");
    scanf("%s", p1);                // 不合理的操作
    printf("p1: %s", p1);
    printf("Please enter p2: ");
    gets(p2);                       // 不合理的操作
    printf("p2: %s", p2);
    return 0;
}
```

事实上，合理的方式，应该是先通过字符数组方式申请获得一片可写的内存区域，然后通过字符指针，指向该数组 / 内存的起始位置。之后就可以通过 scanf 和 gets 函数对字符指针执行字符串输入了，所输入的字符串就会存入这片内存区域。例 9-21 举例说明。

```
//Example9_21
#include <stdio.h>

int main() {
    char s1[20], s2[20];
    char *p1 = s1;
    char *p2 = s2;
    printf("Please enter s1: ");
    gets(p1);
    printf("s1: %s\n", p1);
    printf("Please enter s2: ");
    scanf("%s", p2);
    printf("s2: %s\n", p2);
    return 0;
}
```
运行结果：
Please enter s1: Hello
s1: Hello
Please enter s2: World
s2: World

## 9.4 字符串与函数

### 9.4.1 字符串作为函数参数

字符串虽然不是 int、double 等基本数据类型，但它作为一个常见的数据对象，

也是可以类似基本数据类型一样与函数进行结合使用。

　　首先，字符串以字符数组的形式作为函数的参数。如例 9–22 所示，printString 函数含有一个参数，是字符数组的形式。main 函数中定义并初始化了字符串 "A C Lecture" 存放于字符数组 s 中，随后将 s 作为参数传递给 printString 函数进行调用，在函数体内进行输出。

```
//Example9_22
#include <stdio.h>

void printString(char s[]);

int main() {
    char s[] = "A C Lecture";
    printString(s);
    return 0;
}

void printString(char s[]) {
    printf("Process string using a character array:\n");
    printf("%s\n", s);
}
```
运行结果：
Process string using a character array:
A C Lecture

　　其次，字符串也可通过字符指针的形式作为函数的参数。如例 9–23 所示，printString 函数含有一个参数，是字符指针的形式。main 函数中定义并初始化了字符串 "A C Lecture" 并由字符指针 p 进行引用，随后将 p 作为参数传递给 printString 函数进行调用，在函数体内进行输出。

```
//Example9_23
#include <stdio.h>

void printString(char *p);

int main() {
    char *p = "A C Lecture";
    printString(p);
    return 0;
}
```

```
void printString(char *p) {
    printf("Process string using a character pointer:\n");
    printf("%s\n", p);
}
```

运行结果：
Process string using a character pointer:
A C Lecture

## 9.4.2 字符串作为函数返回值

字符串可以存储在字符数组当中。但是，函数只能返回一个值，因此它能返回的一般是数组的起始地址。字符串也可以通过字符指针来进行引用，字符指针作为函数的返回值被返回。因此，字符串被函数返回时，其返回类型是一个字符类型的地址。如例9-24所示，addExclamationMark 函数接收了一个字符串作为参数，在函数体内通过 strcat 函数给字符串尾部添加了"!!!"。随后，函数返回字符串的起始地址。在 main 函数中，定义了字符指针 p 接收 addExclamationMark 函数调用后所返回的地址，并将字符串输出。

```
//Example9_24
#include <stdio.h>
#include <string.h>

char *addExclamationMark(char s[]);

int main() {
    char s[20] = "A C Lecture";
    char *p = addExclamationMark(s);
    printf("Return a string:\n");
    printf("%s\n", p);
    return 0;
}

char *addExclamationMark(char s[]) {
    char mark[] = "!!!";
    strcat(s, mark);
    return s;
}
```

运行结果：
Return a string:
A C Lecture!!!

# 实 验 案 例

实验案例 9-1：逆序文本

【要求】

编写程序，读取用户输入的一个字符串（长度不超过 100，字符串中不含空白字符），将该字符串的字符逆序排列后输出。

【解答】

```
//Exercise9_1
#include <stdio.h>
#include <string.h>

void swapChar(char s[], int lo, int hi);

int main() {
    char s[100] = {'\0'};
    printf("Please enter a text: ");
    scanf("%s", s);
    int len = strlen(s);
    int i;
    for(i = 0; i < len / 2; i++) {
        swapChar(s, i, len – i – 1);
    }
    printf("The reversed text: %s\n", s);
}

void swapChar(char s[], int lo, int hi) {
    char temp = s[lo];
    s[lo] = s[hi];
    s[hi] = temp;
}
```

输入：
Please enter a text: Hello!

运行结果：
The reversed text: !olleH

实验案例 9-2：字符统计

【要求】

编写程序，读取用户输入的不超过 50000 字符的英文文本。对该文本中每个字母出现的频率进行统计。该统计程序忽略字母大小写，忽略其他所有非字母字符。

【解答】

```
//Exercise9_2
#include <stdio.h>
#include <string.h>

int main() {
    char string[50000];
    int record[26] = {0};
    int numOfLetter = 0;
    puts("Please enter: ");
    gets(string);
    int len = strlen(string);
    int i;
    for(i = 0; i < len; i++) {
        if(string[i] >= 65 && string[i] <= 90) {
            record[(string[i]) - 65]++;
            numOfLetter++;
        }
        if(string[i] >= 97 && string[i] <= 122) {
            record[(string[i]) - 97]++;
            numOfLetter++;
        }
    }
    puts("\nLetter frequency:");
    for(i = 0; i < 26; i++) {
        float temp = 100.0 * (float)record[i] / numOfLetter;
        printf("%c\t%f%%\n", i + 97, temp);
    }
}
```

输入：

Please enter:

A "Hello World!" program generally is a computer program that outputs or displays the message "Hello World!". Such a program is very simple in most programming languages, and is often used to illustrate the basic syntax of a programming language. It is often the first program written by people learning to code. It can also be used as a test to make sure that a computer language is correctly installed, and that the operator understands how to use it.

运行结果：

Letter frequency:

a   10.192838%

b   0.826446%

c   2.203857%

d   3.030303%

e   9.917356%

f   1.101928%

g   4.683196%

h   3.030303%

```
i  5.234160%
j  0.000000%
k  0.275482%
l  5.785124%
m  3.856749%
n  5.234160%
o  7.988981%
p  3.856749%
q  0.000000%
r  7.988981%
s  7.713499%
t  9.917356%
u  3.856749%
v  0.275482%
w  1.101928%
x  0.275482%
y  1.652893%
z  0.000000%
```

实验案例 9-3：字符过滤

【要求】

编写程序，读取用户输入的不超过 1000 字符的文本字符串，以及用户指定删除的字符。从该字符串中删除指定的字符，并输出删除后的新文本。

【解答】

```c
//Exercise9_3
#include <stdio.h>
#include <string.h>

void remove_char(char s[], int length, char ch);

int main() {
    char ch, s[1000];
    puts("Please enter a text:");
    gets(s);
    puts("Please enter a character to remove:");
    scanf("%c", &ch);
    int length = strlen(s);
    printf("Before processed: %s\n", s);
    remove_char(s, length, ch);
    printf("After processed: %s\n", s);
    return 0;
}
```

```
void remove_char(char s[], int length, char ch) {
    int i;
    int ch_count = 0;
    for(i = 0; i < length; i++) {
        if(s[i] == ch) {
            ch_count++;
            int j;
            for(j = i; j < length − 1; j++) {
                s[j] = s[j+1];
            }
            i−−;   //This is needed for multiple consecutive ch
        }
    }
    for(i = length − ch_count; i < length; i++) {
        s[i] = '\0';
    }
}
```

输入：

Please enter a text:

Niceee to meet you!

Please enter a character to remove:

e

运行结果：

Before processed: Niceee to meet you!

After processed: Nic to mt you!

# 第 10 章　输入输出

## 10.1　输入输出的概念

编写代码开发程序的主要目的是帮助用户更加高效、自动地完成现实中的一些复杂操作，其中自然包含了大量的运算。既然是为了用户的需求出发，那么就需要获取用户的需求。因此，程序的运行，往往是需要从用户处读取用户的输入。获得需求后，程序当中进行运算，完成指定的操作得到运算的结果，自然也需要输出反馈给用户。这便是程序设计当中重要的输入（input）、输出（output）环节，时常简称为 I/O。

输入输出是以计算机为主体，严格地说，是以所运行的程序为主体。它是计算机或程序与周围环境的"沟通与交流"。输入输出有多种方式或渠道，最基本的是标准输入输出，具体指的是输入输出是以标准设备（终端设备）为对象的，如键盘（输入设备）、显示器（输出设备）。标准输入输出并不是 C 语言语句本身的一部分，但由于其十分常用，被加入标准函数库当中。因此，在使用之前，需要通过预处理指令 #include 将头文件 stdio.h 导入。

程序除了与标准输入输出设备连接以外，还可以与文件进行连接，从文件读取数据，处理结束后，再将数据写入文件。

## 10.2　标准输入输出

标准输入输出当中，一般用户通过键盘进行数据的输入，数据运算结束后，将结果输出到显示器屏幕上。其中，最基本的是字符的输入输出，所涉及的函数包括 putchar 和 getchar。

字符输出：int putchar(char) / int purchar(int)

putchar 函数的作用是输出一个字符。它含有一个参数，可以是输出字符的字符类型或整型（ASCII 码值）；它的返回值是所输出字符的 ASCII 码值。如例 10-1 所示，putchar 函数将 'Y', 'e', 's', '\n' 4 个字符的字符类型或整型进行输出。如果需要，也可以对 putchar 函数的返回值进行接收。

```
//Example10_1
#include <stdio.h>

int main() {
    char c1 = 'Y', c2 = 'e', c3 = 's', c4 = '\n';
    int i1 = 89, i2 = 101, i3 = 115, i4 = 10;
    putchar(c1); putchar(c2); putchar(c3); putchar(c4);
    putchar(i1); putchar(i2); putchar(i3); putchar(i4);
    return 0;
}
```
运行结果：
Yes
Yes

字符输入：int getchar()

getchar 函数没有参数，它的作用是读取用户输入的一个字符，返回值是所读字符的 ASCII 码值。如例 10-2 所示，程序调用 getchar 函数读取用户输入的一个字符 'Y' 并返回其 ASCII 码值 89，随后，将字符及其 ASCII 码值进行输出。

```
//Example10_2
#include <stdio.h>

int main() {
    printf("Please enter: ");
    int c = getchar();
    putchar(c);
    printf("\n%d\n", c);
    return 0;
}
```
运行结果：
Please enter: Y

```
Y
89
```

　　getchar 函数的每一次调用将读取一个字符。假设目前有个程序设计的需求，需要对大量学生的成绩（A、B、C、D 的字符等级）进行录入统计。显然，这需要通过一个循环语句来重复调用 getchar 函数读取用户输入的学生成绩。但是，我们事先不知道学生的人数。因此，循环的条件无法明确地指定具体的循环次数。所以，一般需要用户输入一个特殊的字符，从而停止死循环的继续。可是，常规的可打印字符（如字母、数字、标点符号等）或者不可打印的空白字符（如空格符、回车符等）在文本数据中都是常见的字符，有其表示的含义，所以将其"特殊化"作为循环的结束条件似乎不是非常合理。此外，回想起空字符（'\0'）似乎不表示现实当中的任何含义，但该字符已被规定作为字符串的结束标志使用。

　　对此，C 语言中规定，当 getchar 函数所读取的用户输入的字符是"常规"字符时，则返回该字符对应的 ASCII 码值。但是，如果所读取的用户输入是"Ctrl+Z"（即组合键 Ctrl 与 Z，它对应的 ASCII 码值是 26），则返回 EOF（end-of-file，输入输出当中常表示"末尾"）。"Ctrl+Z"一般是系统中用于撤销错误的操作，而 EOF 是一些头文件中值为 -1 的宏定义"#define EOF -1"。因此，循环当中可以不断判断 getchar 函数所返回的值是否等于 EOF，从而决定是否停止循环。如例 10-3 所示，while 循环重复读取用户所输入的字符，如果返回值不等于 EOF，则将字符输出，直到用户输入"Ctrl+Z"为止。事实上，这也解释了为何 getchar 函数的返回值类型是整型。因为如果返回值类型是字符型，它虽然能接收 ASCII 码表中的 128 个字符，但无法接收 EOF。

```
//Example10_3
#include <stdio.h>

int main() {
    int c;
    while((c = getchar()) != EOF) {
        putchar(c);
    }
    return 0;
}
```

运行结果：
Y

```
Y
e
e
s
s
^Z
```

如前文所述，getchar 函数每一次调用时读取一个字符。但如例 10-4 所示，用户一次性输入"Yes"然后输入回车，程序也正常运行并输出"Yes"。随后，再输入"Ctrl+Z"结束程序。

```
//Example10_4
#include <stdio.h>

int main() {
    int c;
    while((c = getchar()) != EOF) {
        putchar(c);
    }
    return 0;
}
```

运行结果：
```
Yes
Yes
^Z
```

getchar 函数是读取单个字符，可为何也能正确地读取用户输入的字符序列？这是因为标准输入的过程中使用了系统的输入缓冲区。由于 CPU 速度较快而输入过程较慢，与其让 CPU 浪费时间等待输入，不如先让 CPU 去进行其他的操作。待用户按下回车键表示输入结束时，CPU 再回来继续执行。因此，用户所输入的 'Y'、'e'、's' 三个字符都临时存放在了输入缓冲区当中。随后，getchar 函数再从缓冲区逐个字符地读取。所以，出现了例 10-4 的执行结果。

了解了输入缓冲区的概念之后，我们再对例 10-5 进行分析。程序中定义了两个字符变量 c1 和 c2，依次读取用户对这两个字符的输入并赋值，最后进行输出。但是，运行结果中，用户输入 c1 之后，程序就莫名其妙地结束了。

```
//Example10_5
#include <stdio.h>
```

```
int main() {
    char c1;
    char c2;
    printf("Please enter c1:\n");
    c1 = getchar();
    printf("c1 = %c\n", c1);
    printf("Please enter c2:\n");
    c2 = getchar();
    printf("c2 = %c\n", c2);
    return 0;
}
```
```
运行结果：
Please enter c1:
M
c1 = M
Please enter c2:
c2 =
```

从程序的运行结果看，虽然用户仍未进行 c2 的输入，但似乎 c2 已经读取了所需的字符，从而程序结束。事实上，原因在于对 c1 输入 'M' 后按下了回车键。回车键一方面是告诉系统用户的输入已经结束，另一方面也往缓冲区送去了一个换行符 '\n'。所以，当 c1 读取了字符 'M' 后，缓冲区中仍有未读字符，c2 则继续读取了剩余的 '\n'。最终导致了上述运行结果的出现。

为了解决上述问题，使得用户正常地对字符进行输入，有两种方案。

一种方案是，既然还剩余一个字符在缓冲区当中，那么我们可以多调用一次 getchar 函数将此不需要的字符进行读取消化。如例 10-6 所示，此时程序能够正常运行。

```
//Example10_6
#include <stdio.h>

int main() {
    char c1;
    char c2;
    printf("Please enter c1:\n");
    c1 = getchar();
    printf("c1 = %c\n", c1);
    getchar();  // 读取缓冲区中的剩余字符 '\n'
    printf("Please enter c2:\n");
    c2 = getchar();
    printf("c2 = %c\n", c2);
    return 0;
}
```

```
运行结果:
Please enter c1:
M
c1 = M
Please enter c2:
N
c2 = N
```

另一种方案是调用相关函数将输入缓冲区中的所有内容进行清空。如例 10-7 所示，fflush(stdin) 函数在两次 getchar 函数读取字符之间被调用，确保用户能够正常输入，程序能正常运行。

```
//Example10_7
#include <stdio.h>

int main() {
    char c1;
    char c2;
    printf("Please enter c1:\n");
    c1 = getchar();
    printf("c1 = %c\n", c1);
    fflush(stdin);  // 清空输入缓冲区
    printf("Please enter c2:\n");
    c2 = getchar();
    printf("c2 = %c\n", c2);
    return 0;
}
```
```
运行结果:
Please enter c1:
M
c1 = M
Please enter c2:
N
c2 = N
```

## 10.3　格式化输入输出

标准化输入输出其实还包括前面章节所介绍的 printf 与 scanf 函数，这组函数最主要的特点是可以通过指定格式来进行相应的输入输出。

### 10.3.1 格式化输出：int printf(char *format, arg1, arg2, …)

printf 中 format 是格式字符串，它指定了输出的内容及形式；arg1，arg2，…属于输出的参数。如果用户只是输出一条普通的字符串而不涉及任何参数，则函数调用时不包含任何参数，即 printf("…")，它将双引号内的字符串原样输出。该函数的返回值为整型，表示所输出的文本的字符个数。

如果用户需要进行特定格式的输出，则格式字符串 format 其实可以对许多方面的格式进行控制，主要包括：

$$\%[flag][width][.precision][modifier]<type>$$

1. type

type 指的是格式标识符，主要的格式、含义及例子如表 10-1 所示。

表 10-1  type、含义及例子

| type | 含义 | 例子 | |
|------|------|------|------|
| d, i | 整型 | printf("%d", 10); | //10 |
|      |      | printf("%i", 10); | //10 |
| o | 八进制 | printf("%o", 10); | //12 |
| x, X | 十六进制（小写，大写） | printf("%x", 10); | //a |
|      |      | printf("%X", 10); | //A |
| c | 字符 | printf("%c", 'M'); | //M |
| s | 字符串 | printf("%s", "Yes"); | //Yes |
| f | 浮点型 | printf("%f", 6.8); | //6.8 |
| % | 字符 '%' | printf("%%"); | //% |

2. width

width 指定的是输出内容的宽度（字符位个数），当内容不足指定位数时，在内容前端以空格补足，如表 10-2 所示。

表 10-2  width、含义及例子

| 例子 | |
|------|------|
| printf("%d", 10); | // 10 |
| printf("%4d", 10); | // 10（两个前置空格符） |
| printf("%s", "Yes"); | // Yes |
| printf("%6s", "Yes"); | // Yes（三个前置空格符） |

### 3. flag

flag 指标志，它控制了输出内容的对齐方式、正负号、前置 0 填充等格式，具体含义及例子如表 10-3 所示。

表 10-3　flag、含义及例子

| flag | 含义 | 例子 | |
|---|---|---|---|
| + | 显示正负号 | printf("%d, %d", 10, −10);<br>printf("%+d, %+d", 10, −10); | //10, −10<br>//+10, −10 |
| − | 左对齐 | printf("%s", "Yes");<br>printf("%5s", "Yes");<br>printf("%−5s", "Yes"); | // Yes<br>//　　Yes（两个前置空格符）<br>// Yes　（两个后置空格符） |
| 0 | 前置 0 填充 | printf("%04d", 10); | //0010（两个前置 0） |

### 4. .precision

.precision 表示精度。对于浮点数而言，它表示输出的小数点位数；对于字符串而言，它表示输出的字符位数，如表 10-4 所示。

表 10-4　.precision、含义及例子

| 含义 | 例子 | |
|---|---|---|
| 小数点位数 | printf("%.2f, %.1f", 3.14159, 3.14159); | //3.14, 3.1 |
| 字符位数 | printf("%.5s", "abcdefghijk"); | //abcde |

### 5. modifier

modifier 表示修饰符，它对整型、浮点型进行修饰，设置成长整型、短整型、双精度浮点型，如表 10-5 所示。

表 10-5　modifier、含义及例子

| modifier | 含义 | 例子 | |
|---|---|---|---|
| h | 短类型 | printf("%hd", x); | // 输出短整型 x |
| l | 长类型 | printf("%ld", y);<br>printf("%lf", z); | // 输出长整型 y<br>// 输出双精度浮点型 z |

## 10.3.2　格式化输入：int scanf(char *format, arg1, arg2, ⋯)

类似地，scanf 函数中 format 是格式字符串，它指定了输入的内容及形式；

arg1，arg2，…属于输入的参数；该函数的返回值为整型，表示所输入的参数个数（输入正确时）或 EOF（输入出错时）。

　　首先，scanf 中的参数 arg1，arg2，… 表示的是地址，而不是变量名。所以，对于常规变量，需要用取址符提取地址（如 &a，&b，&c）；而对于指针变量，则直接用其变量名，不再需要取址符。

　　其次，由于用户数据输入较为随意且难以控制，所以 scanf 并不像 printf 对用户的输入添加太多的格式控制。事实上，scanf 的格式控制主要体现在两个方面。一方面，它指定了输入数据的类型（如 %d，%f，%c，%s 等）。另一方面，它指定了多个数据同时输入时的间隔符。例如，表 10-6 中的 x，f，c 分别以空格隔开、以逗号隔开、甚至以"x = 10, f = 3.14, c = M"的输入形式进行隔开。总之，输入的内容及形式要与 scanf 中指定的一致，从而每一个"% 格式标识符"都能与正确的参数值进行匹配。

表 10-6　输入格式及输入示例

| 输入格式 | 输入示例 |
| --- | --- |
| scanf("%d", &x); | 10 |
| scanf("%f", &f); | 3.14 |
| scanf("%c", &c); | M |
| scanf("%s", str); | Yes |
| scanf("%d %f %c", &x, &f, &c); | 10 3.14 M |
| scanf("%d, %f, %c", &x, &f, &c); | 10, 3.14, M |
| scanf("x=%d, f=%f, c=%c", &x, &f, &c); | x=10, f=3.14, c=M |

## 10.4　字符串输入输出

　　标准化输入输出中还包括一个重要的部分，就是对字符串的输入输出。它主要涉及两组函数的使用。

　　1. printf 与 scanf

　　采用 printf 与 scanf 函数来进行字符串的输入输出，需要将格式标识符指定为字符串类型"%s"。此外，需要注意的是，scanf 在读取字符串时，一旦读到空格符、制表符、回车符，则认为当前字符串已经输入结束。因此，scanf 无法接收这些字符作为输入字符串的一部分。但是，这也带来了其他方面的优势，即 scanf 可以同时读取多条字符串（通过上述空白字符作为间隔符来实现）。

2. puts 与 gets

puts 与 gets 函数专门用于字符串的输入输出，但是它们每次只能处理一条字符串。该规定也带来了一定的优势，即 gets 在读取一条字符串时是可以接收空格符、制表符、回车符的输入的。不过 gets 读取回车符后会将其输入的换行符 '\n' 替换成空字符 '\0' 作为字符串的结束标志进行保存。puts 函数则会将字符串中的 '\0' 替换成 '\n' 进行输出。

上述两组函数已经在前面的章节做过详细介绍，在此不再赘述。

## 10.5　文件输入输出

### 10.5.1　文件的基本概念

到目前为止介绍的程序中，数据都是以变量、数组、结构体等形式存放在内存当中的。当程序运行结束或者关闭计算机时，这些数据也就丢失了。但是，有时候我们需要更长时间、甚至永久地保存数据，以便后续使用，就需要使用文件了。文件，是相对于内存而言的外部存储媒介（如磁盘）。存储于文件当中的数据不会因为计算机断电而消失。

文件可以分为两大类：程序文件、数据文件。程序文件是指各类程序代码相关文件，如源文件（.c）、目标文件（.obj）、可执行文件（.exe）等。数据文件是相对于程序文件而言的，它记录的不是程序代码，而是可供程序输入输出使用的各类数据信息。数据文件可以是文本文件（ASCII 文件）或二进制文件。二进制是内存当中数据的形式，它直接存储得到的就是二进制文件。而在外存当中以字符（ASCII 码）形式存储的，就是文本文件。本章主要介绍文本文件的输入输出。

在 C 程序当中，文件就是字符（字节）的序列。文件的输入，就是将外部文件的字符一个个地“流入”到程序（严格来说，内存）当中。文件的输出，就是将程序（严格来说，内存）的字符一个个地“流出”到外部文件。所以，C 程序的文件输入输出实际上就是字节流的输入输出。此外，文件都是由操作系统统一管理的，所以文件的操作是 C 程序以及操作系统共同完成的。

### 10.5.2　文件名

C 程序的文件输入输出，是针对某个具体的文件进行的。这个具体的文件必须能够唯一地确定。因此，每一个文件都需要有一个唯一的标识，这个标识主要由三个部分组成：文件路径、文件名、文件后缀。例如："D:\myCodes\myData.txt" 的文件路径是 "D:\myCodes\"，文件名是 "myData"，文件后缀是 ".txt"。只有包含这完整的三个部分，才能唯一地定位一个文件。读者不妨试试，在同一个路径、文件夹中，只要后缀不同，是可以同时存在多个同名文件的。

此外，需要注意的是，有时候简称"文件名"，读者需要判断具体指的是否包含上述三个部分的完整信息。

### 10.5.3　文件缓冲区

前文提到，CPU 运行速度较快，而用户输入速度较慢，所以设置了缓冲区。类似地，与外部文件的输入输出速度也是远远地慢于 CPU 速度的。所以，为了更加充分地利用 CPU 资源、提高计算机效率，文件输入输出时也是采用了文件缓冲区。

C 程序中，系统会为正在使用的文件建立文件缓冲区。当进行文件输入时（数据从文件输入到内存），则会将数据先存入缓冲区，待缓冲区充满后再一起送入内存。相反，当进行文件输出时（数据从内存输出到文件），则会将数据先存入缓冲区，待缓冲区充满后再一起送出到文件。

需要注意的是，缓冲区是针对每一个文件而言的。所以，系统会为每一个使用的文件都单独创建一个缓冲区。缓冲区的大小，取决于不同的编译系统。

### 10.5.4　文件指针

每个被使用的文件都在内存中建立了一个文件信息区，以记录文件相关信息（如文件名、文件当前位置、缓冲区等），并保存在一个由系统声明的类型为 FILE 的结构体当中。结构体当中的成员变量在不同的编译系统当中可能不尽相同，但是，结构体类型名都是由 typedef 统一命名为 FILE。具体成员变量可查看头文件 stdio.h。

在具体读写文件之前，程序都需要与文件建立连接，这主要是通过创建文件指针来完成的。例如：

FILE *fp;

便定义了一个 FILE 结构体类型的指针变量，它指向某个文件的文件信息区的起始位置，从而通过该指针访问文件信息区中的结构体变量的各个成员变量，来获得相应文件的信息。虽然我们习惯上称 fp 是指向某个文件的指针，但它并不是真的指向外部的文件，而只是指向该文件在内存当中的文件信息区。此外，由于不同文件对应着不同的信息区，所以自然也需要定义不同的文件指针与其对应。

### 10.5.5　打开与关闭文件

进行文件输入输出的第一步，自然是打开文件。打开文件实际上包含了以下三个方面：①建立文件信息区。②建立文件缓冲区。③建立文件指针指向文件信息区。打开文件的函数如下：

FILE *fp = fopen(char *filename, char *mode);

其中，filename 表示所要打开的文件名字符串（需能够唯一确定某个具体文件）；mode 表示文件的使用方式（打开模式）；如果打开成功，fopen 函数返回的是 FILE 类型的文件指针，即文件信息区的起始地址；如果失败，则返回 NULL。

对于文本文件的操作，mode 所包含的主要方式如表 10-7 所示。

表 10-7　mode 所包含的主要方式

| 使用方式 | 含义 | 文件存在 | 文件不存在 |
| --- | --- | --- | --- |
| r | 打开文件，只读 | | 返回 NULL |
| w | 打开文件，只写 | 清空文件内容 | 创建新文件 |
| a | 打开文件，追加 | 追加内容到文件末尾 | 创建新文件 |
| r+ | 打开文件，可读可写 | | 返回 NULL |
| w+ | 打开文件，可读可写 | 清空文件内容 | 创建新文件 |
| a+ | 打开文件，可读可追加 | 追加内容到文件末尾 | 创建新文件 |

文件输入输出完成后，需要将文件关闭。关闭文件实际上包含了以下三个方面：①文件指针不再指向文件信息区。②清空并撤销文件缓冲区。③撤销文件信息区。关闭文件的函数如下：

fclose(fp);

其中，fp 是先前已经打开的文件所对应的文件指针。文件关闭成功，fclose 函数返回数值 0；关闭失败，返回 EOF。

事实上，关闭文件一个重要的环节在于将数据进行输出保存。文件操作时，数据可能仍留在缓冲区当中，如果程序突然结束运行，缓冲区中的数据有可能丢失。对此，当 fclose 函数执行时，可以将缓冲区的数据输出到文件中，随后再撤销缓冲区。不过，有些编译系统会在程序结束前自动将缓冲区数据输出到文件，避免丢失。但是，建议读者维护文件操作的完整性，对打开的文件执行关闭操作。

例 10-8 举例说明文件的打开及关闭操作。首先，程序成功地打开了文本文件"D:\\myFile.txt"；随后，再将所打开的文件成功地关闭。值得注意的是，fopen 函数的文件名中路径所涉及的反斜杠"\"需要用两个（"\\"）才能正确表示，否则会出现转义错误而无法识别正确的路径。

```
//Example10_8
#include <stdio.h>

int main() {
    FILE *fp;
    fp = fopen("D:\\myFile.txt", "r");
    if(fp != NULL) {
        printf("File opened!\n");
    } else {
        printf("File not found!\n");
    }
    int fc = fclose(fp);
    if(fc == 0) {
        printf("File closed!\n");
    } else {
        printf("Close failure!\n");
    }
    return 0;
}
```

运行结果：
File opened!
File closed!

### 10.5.6  删除文件

对于不再需要的文件，可以通过程序进行删除。删除文件的函数如下：

int remove(char *filename);

其中，filename 表示所要打开的文件名字符串（需能够唯一确定某个具体文件）；如果删除成功，remove 返回数值 0；删除失败，返回 EOF。例 10-9 举例说明 remove 函数的使用。首先，程序打开"D:\\myFile.txt"成功，说明文件存在。随后，调用 remove 函数对该文件进行删除，操作成功。最后，再次尝试打开该文件，操作失败，说明文件已不存在。

```
//Example10_9
#include <stdio.h>

int main() {
    FILE *fp;
    if((fp = fopen("D:\\myFile.txt", "r")) == NULL) {
        printf("Cannot open file!\n");
    } else {
        printf("File opened!\n");
        fclose(fp);
    }
    int i = remove("D:\\myFile.txt");
    if(i == 0) {
        printf("File removed!\n");
    } else {
        printf("Cannot remove file!\n");
    }
    if((fp = fopen("D:\\myFile.txt", "r")) == NULL) {
        printf("Cannot open file!\n");
    } else {
        printf("File opened!\n");
        fclose(fp);
    }
    return 0;
}
```

运行结果：
File opened!
File removed!
Cannot open file!

### 10.5.7　字符的输入输出

程序可以向文件输出一个字符，其函数如下：

int fputc(char c, FILE *fp);

int fputc(int c, FILE *fp);

其中，fp 为所打开文件的文件指针；所要输出的字符可以是字符型也可以是整型（ASCII 码值）；fputc 函数会将该字符输出到 fp 所指向的文件的当前位置，并向下移动一个字符位置；输出成功,函数返回所输出字符的 ASCII 码值；输出失败，返回 EOF。

程序也可以从文件读取输入一个字符，其函数如下：

int fgetc(FILE *fp);

其中，fp 为所要输入的文件的文件指针；函数会从 fp 所指向的文件的当前位置读取一个字符，并向下移动一个字符位置；读取成功，则函数返回所读字符的 ASCII 码值；读取失败，则返回 EOF。

例 10-10 说明了如何对文件输入输出一个字符。首先，程序打开了文件"D:\\myFile.txt"，并调用 fputc 函数将字符（字符型、整型）输出到文件当中。随后，再从该文件中通过 fgetc 函数读取所有字符，输出到屏幕。

```c
//Example10_10
#include <stdio.h>

int main() {
    FILE *fp;
    fp = fopen("D:\\myFile.txt", "w");
    fputc('H', fp); fputc('e', fp); fputc(108, fp);
    fputc(108, fp); fputc(111, fp); fputc('\n', fp);
    fclose(fp);
    fp = fopen("D:\\myFile.txt", "r");
    int c;
    while((c = fgetc(fp)) != EOF) {
        putchar(c);
    }
    fclose(fp);
    return 0;
}
```

运行结果：
Hello

### 10.5.8　字符串的输入输出

程序可以向文件输出一个字符串，其函数如下：

int fputs(char *str, FILE *fp);

其中，str 为所要输出的字符串；fp 为输出的文件的文件指针；输出成功，则函数返回一个非负值（通常为 0）；输出失败，则返回 EOF。需要注意的是，程序中字符串含有结束标志（'\0'），这只是字符串在内存当中操作的需要，该字符是不会被输出到文件的。

程序也可以从文件读取输入一个字符串，其函数如下：

char *fgets(char *str, int n, FILE *fp);

其中，fp 是所要输入的文件的文件指针；str 是输入的字符串所存放的数组；n 指定了所读字符串的最大长度（n 个字符）。fgets 每次读取的字符串的具体长度由以下三个方面所确定：

（1）如果已经读取了 n−1 个字符，则停止读取，自动添加空字符（'\0'）后正好 n 个字符，存入数组；

（2）如果读到了换行符，则停止读取，保留换行符并自动添加空字符（'\0'）后，存入数组；

（3）如果已读到了文件末尾，则停止读取，自动添加空字符（'\0'），存入数组。

如果读取成功，则函数返回数组 str 的起始地址；读取失败，则返回 NULL。

例 10−11 举例说明如何对文件输入输出一个字符串。首先，程序打开了文件 "D:\\myFile.txt"，并调用 fputs 向文件输出字符串 "Hello\n"。随后，调用 fgets 函数从该文件中读取一条字符串并存入数组 str。最后，将数组中的字符串输出到屏幕。

```
//Example10_11
#include <stdio.h>

int main() {
    FILE *fp;
    fp = fopen("D:\\myFile.txt", "w");
    fputs("Hello\n", fp);
    fclose(fp);
    fp = fopen("D:\\myFile.txt", "r");
    char str[10];
    fgets(str, 10, fp);
    printf("%s", str);
    fclose(fp);
    return 0;
}
```

运行结果：
Hello

### 10.5.9  格式化输入输出

在标准输入输出当中，程序可以调用 printf 与 scanf 对数据指定特定的格式与标准设备进行输入输出。同样地，在对文件输入输出时，也可格式化进行。

程序向文件格式化输出的函数如下：

int fprintf(FILE *fp, char *format, arg1, arg2, …);

其中，fp 为所要输出的文件的文件指针；format 表示所要输出的内容及形式；arg1，arg2，…等属于输出的参数；返回值为整型，表示所输出的文本的字符个数。该函数与 printf 基本类似，区别仅在于 fprintf 是针对文件进行的。

程序从文件格式化输入的函数如下：

int fscanf(FILE *fp, char *format, arg1, arg2, …);

类似地，fp 为所要读取的文件的文件指针；format 是格式字符串，它指定了输入的内容及形式；arg1，arg2，…等属于输入的参数；该函数的返回值为整型，表示所输入的参数个数（输入正确时）或 EOF（输入出错时）。

例 10-12 举例说明如何对文件进行格式化输入输出。首先，程序打开文件"D:\\myFile.txt"，通过 fprintf 函数按照指定格式将四个不同类型的数据输出到文件。随后，通过 fscanf 函数将文件中的数据按照正确的格式读取输入。最后，输出屏幕。

```c
//Example10_12
#include <stdio.h>

int main() {
    FILE *fp;
    fp = fopen("D:\\myFile.txt", "w");
    char s1[8] = "Example";
    char c1 = 'A';
    int i1 = 8;
    double d1 = 3.14159;
    fprintf(fp, "string: %s\nchar: %c\nint: %d\ndouble: %.2lf\n", s1, c1, i1, d1);
    fclose(fp);
    fp = fopen("D:\\myFile.txt", "r");
    char s2[8];
    char c2;
    int i2;
    double d2;
    fscanf(fp, "string: %s\nchar: %c\nint: %d\ndouble: %lf\n", s2, &c2, &i2, &d2);
```

```
        printf("Content read:\nstring: %s\nchar: %c\nint: %d\ndouble: %.2lf\n", s2, c2, i2, d2);
        fclose(fp);
        return 0;
}
```

```
运行结果：
Content read:
string: Example
char: A
int: 8
double: 3.14
```

### 10.5.10　文件读写位置判断

在文件的输入输出过程中，其实系统会为该文件设置一个文件读写位置标记，它记录着当前程序已经在文件中读写到哪一个位置，也决定了下一个要读写的字符是什么。有时候，程序运行过程中需要获取当前的读写位置。所以，C 语言也提供了一系列函数支持判断。

程序可以判断是否已经读到了文件末尾，其函数如下：

int feof(FILE *fp);

其中，fp 为所读写文件的文件指针；当已经读到了文件末尾，则返回一个非零值；否则，返回数值 0。

例 10-13 举例说明 feof 函数的使用。文件"D:\\myFile.txt"中保存了"Hello"五个字符。程序通过 while 循环，每次判断是否到了文件末尾，若否，则读取一个字符。由于未到末尾 feof 返回数值 0，所以为了让 while 语句条件判断为真，需要逻辑取反，最终条件表达式为"!feof(fp)"。

```
//Example10_13
#include <stdio.h>

int main() {
    FILE *fp;
    fp = fopen("D:\\myFile.txt", "r");
    while(!feof(fp)) {
        int c = fgetc(fp);
        putchar(c);
    }
    fclose(fp);
```

```
    return 0;
}
```

运行结果：
Hello

除了判断是否已经读到了文件末尾的 feof 函数以外，C 语言还提供了 ftell 函数允许用户判断当前的文件读写位置，其函数如下：

long ftell(FILE *fp);

其中，fp 为所读写文件的文件指针；ftell 函数返回的是当前的文件读写位置（即相对于文件起始位置的字符 / 字节偏移量），由于文件包含字符数量多，偏移量可能较大，所以采用 long 返回值类型；若发生错误，则返回 –1L（长整型 –1）。

例 10–14 举例说明 ftell 函数的使用。文件"D:\\myFile.txt"中保存了"Hello"五个字符。刚打开文件时，ftell 返回的文件读写位置为 0。随后，每读取一个字符，文件读写位置就向前移动一个字符。直到文件末尾，读取结束。

```
//Example10_14
#include <stdio.h>

int main() {
    FILE *fp;
    fp = fopen("D:\\myFile.txt", "r");
    long i = ftell(fp);
    printf("Starting position: %ld\n", i);
    while(!feof(fp)) {
        i = ftell(fp);
        int c = fgetc(fp);
        printf("Current position: %ld, char: %c, int: %d\n", i, c, c);
    }
    fclose(fp);
}
```

运行结果：
Starting position: 0
Current position: 0, char: H, int: 72
Current position: 1, char: e, int: 101
Current position: 2, char: l, int: 108
Current position: 3, char: l, int: 108
Current position: 4, char: o, int: 111
Current position: 5, char:, int: –1

### 10.5.11 文件读写位置定位

上述函数提供了文件读写位置的判断，除此以外，C 语言也支持用户自行设置文件读写位置。这是因为，默认情况下，文件都是从起始位置开始读写的。但在某些情况下，用户需要直接定位到文件当中的某个位置开始读写。所以，C 语言也提供了相关函数进行支持。

不论当前文件读写位置在哪，用户可以调用 rewind 函数将读写位置设为 0（即文件起始位置）。其函数如下：

rewind(FILE *fp);

其中，fp 表示所读写的文件的文件指针。

例 10-15 对 rewind 函数的使用进行说明。文件"D:\\myFile.txt"中保存了"Hello"五个字符。首先通过 while 循环将五个字符都读取出来，结束时文件读写位置到了末尾。随后再调用 rewind 函数调整文件读写位置到起始位置，又一次读取了五个字符。

```
//Example10_15
#include <stdio.h>

int main() {
    FILE *fp;
    fp = fopen("D:\\myFile.txt", "r");
    while(!feof(fp)) {
        int c = fgetc(fp);
        putchar(c);
    }
    putchar('\n');
    rewind(fp);
    while(!feof(fp)) {
        int c = fgetc(fp);
        putchar(c);
    }
    fclose(fp);
    return 0;
}
```

运行结果：
Hello
Hello

此外，C 语言还提供了 fseek 函数允许用户定位到文件当中的任意位置。其函数如下：

int fseek(FILE *fp, long offset, int whence);

其中，fp 为读写文件的文件指针；whence 表示起始点，它包含 3 个符号常量值：SEEK_SET（值为 0，表示从文件起始位置出发）、SEEK_CUR（值为 1，表示从当前读写位置出发）、SEEK_END（值为 2，表示从文件末尾出发）；offset 表示从 whence 位置出发进行的字符 / 字节偏移量，正数表示向前偏移，负数表示向后偏移；函数调用成功，则返回 0；否则返回非零值。

例 10-16 举例说明 fseek 函数的使用。文件 "D:\\myFile.txt" 中保存了 "Hello" 五个字符。首先，"fseek(fp, 0, SEEK_SET);"从文件的起始位置进行 0 个字符的偏移（仍处于起始位置 0），读取了字符 'H'，然后到达了位置 1；接着，"fseek(fp, 3, SEEK_CUR);"从当前的位置出发，向前偏移了 3 个字符，读取了字符 'o'，然后到达了位置 5；最后，"fseek(fp, -4, SEEK_END);"从文件的末尾向后退 4 个字符，到了位置 1，读取了字符 'e'。

```c
//Example10_16
#include <stdio.h>

int main() {
    FILE *fp;
    fp = fopen("D:\\myFile.txt", "r");
    long i;
    char c;

    fseek(fp, 0, SEEK_SET);
    i = ftell(fp);
    c = fgetc(fp);
    printf("Current position: %ld, char: %c\n", i, c);

    fseek(fp, 3, SEEK_CUR);
    i = ftell(fp);
    c = fgetc(fp);
    printf("Current position: %ld, char: %c\n", i, c);

    fseek(fp, -4, SEEK_END);
    i = ftell(fp);
    c = fgetc(fp);
    printf("Current position: %ld, char: %c\n", i, c);

    fclose(fp);
    return 0;
}
```

```
运行结果 :
Current position: 0, char: H
Current position: 4, char: o
Current position: 1, char: e
```

### 10.5.12 文件读写错误检测

在文件输入输出的过程中，时常会碰到错误。除了上述各个函数的返回值可以提供一定的判别依据外，C 语言还提供了一些错误的检测机制。

首先，用户可以调用 ferror 函数来判断最近一次的文件输入输出函数调用是否出错，其函数如下：

int ferror(FILE *fp);

其中，fp 表示所读写文件的文件指针。在每一次的输入输出函数调用后，ferror 都会被赋予一个新的值，来表示是否出错，这个值可以通过函数的返回值获得。若 ferror 的返回值为 0，则表示没有出错；否则，表示出现错误。此外，每一次用 fopen 打开一个文件时，ferror 的值会被设置为 0。

其次，一旦出现过输入输出错误，ferror 的值被设为非零值，这个值就会一直被保留，直到其他输入输出函数出现错误赋予新值，或者调用 fopen() 或下述 clearerr() 函数重设为 0 为止。那么，为了让它能够有效地继续监测后续的输入输出操作，需要及时地把 ferror 值重新设为 0。这可以通过调用 clearerr 函数来实现，其函数如下：

clearerr(FILE *fp);

其中，fp 表示所读写文件的文件指针。

例 10-17 举例说明 ferror 与 clearerr 函数的使用。首先，程序以"r"（只读）的方式打开了文件"D:\\myFile.txt"，打开后 ferror 的值为 0。随后，程序调用 fputc 函数对该文件执行写的操作，这是不允许的，因此会出现输入输出错误。此时再查看 ferror 的值，变为非零值（32）。最后，程序调用 clearerr 函数，将 ferror 值重设为 0。

```
//Example10_17
#include <stdio.h>

int main() {
    FILE *fp;
```

```
    fp = fopen("D:\\myFile.txt", "r");

    int i = ferror(fp);
    printf("i = %d\n", i);

    fputc('A', fp);
    i = ferror(fp);
    printf("i = %d\n", i);

    clearerr(fp);
    i = ferror(fp);
    printf("i = %d\n", i);

    fclose(fp);
    return 0;
}
```

运行结果:
i = 0
i = 32
i = 0

# 实 验 案 例

实验案例 10-1:工资统计

【要求】

假设在某地区,随机对当地就业人员进行工资调研。编写程序,实现该地区平均工资的计算:

1. 用户输入所有就业人员的工资(整数值),但所需输入的就业人员数量未知;

2. 用户输入 –1 结束读取;

3. 计算并输出所有工资的平均值。

【解答】

```
//Exercise10_1
#include <stdio.h>

int main() {
    int salary;
    double average = 0;
    int count = 1;
    printf("Please enter: \n");
    scanf("%d", &salary);
```

```
    while (salary != -1) {
        average = (average * (count - 1) + salary) / count;
        count++;
        scanf("%d", &salary);
    }
    printf("The average salary is: %.2lf.\n", average);
    return 0;
}
```

输入：
Please enter:
3800
6500
4750
5800
4250
8800
7600
5500
-1

运行结果：
The average salary is: 5875.00.

实验案例 10-2：文件内容替换

【要求】

编写程序，读取指定路径下的"10-2-In.txt"文件中的内容，将其中所有字符 'e' 替换成 'E'，输出至同一路径下的"10-2-Out.txt"文件中。

【解答】

```
//Exercise10_2
#include <stdio.h>

int main() {
    FILE *fp_in, *fp_out;
    fp_in = fopen("D:\\10-2-In.txt", "r");
    fp_out = fopen("D:\\10-2-Out.txt", "w");
    char c;
    while((c = fgetc(fp_in)) != EOF) {
        if (c == 'e') {
            c = 'E';
        }
        fputc(c, fp_out);
    }
    fclose(fp_in);
    fclose(fp_out);
```

```
    return 0;
}
```

输入 :
"D:\\10–2–In.txt" 文件 :
Computer programming is the process of designing and building an executable computer program for accomplishing a specific computing task.

运行结果 :
"D:\\10–2–Out.txt" 文件 :
ComputEr programming is thE procEss of dEsigning and building an ExEcutablE computEr program for accomplishing a spEcific computing task.

## 实验案例 10–3：文件内容统计

### 【要求】

编写程序，读取指定路径下的"10–3–In.txt"文件中的内容，读取用户指定查找的多个字符，统计每个字符在文件中出现的次数，并将统计结果输出至同一路径下的"10–3–Out.txt"文件中。

### 【解答】

```c
//Exercise10_3
#include <stdio.h>

int main() {
    FILE *fp_in, *fp_out;
    fp_in = fopen("D:\\10–3–In.txt", "r");
    fp_out = fopen("D:\\10–3–Out.txt", "w");
    int n, i;
    printf("Please enter the number of characters to search: ");
    scanf("%d", &n);
    char ch[n];
    int count[n];
    for(i = 0; i < n; i++) {
        ch[i] = '\0';
        count[i] = 0;
    }
    printf("Please enter the characters to search:\n");
    for(i = 0; i < n; i++) {
        fflush(stdin);
        printf("Character #%d: ", i + 1);
        ch[i] = getchar();
    }
    while(!feof(fp_in)) {
        int c = fgetc(fp_in);
```

```
        for(i = 0; i < n; i++) {
            if(ch[i] == c) {
                count[i]++;
            }
        }
    }
    for(i = 0; i < n; i++) {
        fprintf(fp_out, "%c: %d\n", ch[i], count[i]);
    }
    fclose(fp_in);
    fclose(fp_out);
    return 0;
}
```

输入：

Please enter the number of characters to search: 5

Please enter the characters to search:

Character #1: a

Character #2: I

Character #3: m

Character #4: g

Character #5: e

"D:\\10-3-In.txt" 文件：

Whose woods these are I think I know.

His house is in the village though;

He will not see me stopping here

To watch his woods fill up with snow.

My little horse must think it queer

To stop without a farmhouse near

Between the woods and frozen lake

The darkest evening of the year.

He gives his harness bells a shake

To ask if there is some mistake.

The only other sound's the sweep

Of easy wind and downy flake.

The woods are lovely, dark and deep,

But I have promises to keep,

And miles to go before I sleep,

And miles to go before I sleep.

运行结果：

"D:\\10-3-Out.txt" 文件：

a: 22

I: 5

m: 8

g: 7

e: 66

# 第11章 综合实践题目

本章设计了 10 个综合实践题目，主要为各类平台或系统的模拟实现。每个题目要求读者较好地掌握本书各个章节所介绍的知识点及编程技能，而且需要跨章节地综合运用。每个题目只对程序所需实现的功能进行大概的描述，具体的实现细节及方法不做具体要求，因此属于半开放型题目。

## 11.1 二手交易

请设计一个二手物品交易平台，使得在平台注册的商家与客户能通过平台完成二手交易。具体要求如下。

（1）商家管理：平台提供商家注册渠道，商家需要提供自己的用户名、手机号、银行卡号等相关信息。

（2）商品管理：商家可以选择上架自己想卖的商品，记录商品种类、出售价格、上架时间等信息。

（3）商品搜索：客户可以搜索自己想购买的商品种类，此时客户可查看所有同类商品的搜索结果。

（4）客户购买：客户可以挑选自己喜欢的商品购买，需要记录购买时间、购买商品、价格、商家信息等。

（5）权限管理：基本使用人包括商家（商品管理）、客户（商品查询及购买）、系统管理员（能够浏览所有信息、管理各类账号）。

## 11.2 商品推荐

请设计一套电商推荐系统，能够根据用户的偏好推荐相应的商品给用户。具体要求如下。

（1）商品管理：商家录入商品及商品特征，包括商品类型、商品属性、商品价格等。

（2）用户管理：用户注册时，除了提供用户名、手机号、地址以外，还可录入感兴趣的商品类型或商品属性。

（3）推荐产品：基于商品类型或属性及用户的偏好，建立推荐规则，向用户推荐相关商品。

（4）权限设置：基本使用人为商家（商品管理）、用户（接收及浏览推荐商品）、系统管理员（能够浏览所有信息、管理各类账号）。

## 11.3 模拟投资

请设计一个模拟投资平台，实现投资标的创建、行情更新、用户投资、收益计算、数据统计等功能。具体要求如下。

（1）标的创建：标的管理员可以创建投资标的，标的需要包含编号、名称、创建时间、初始价格、现价、涨跌幅等信息。

（2）行情管理：针对每个投资标的，更新维护其相关行情数据，包括最高价、最低价、最大涨跌幅、交易成交量、成交额等信息。

（3）用户投资：每个注册的用户都对应一个账号，用户可以向账号内投入本金，通过账号，用户可以查看市场行情、卖出已有标的或买入标的、查看持仓分布和盈亏、添加自选标的；交易时需要记录交易标的编号、时间、现价、数量、总金额，买入需要扣除账户内资金，卖出则需计算收益并加总到账户中。

（4）数据统计：系统可以统计用户过往投资表现，包括收益率、夏普比率、历史最大回撤等；同时系统公开提供全站排行榜，可以根据收益率或其他指标对用户进行排名。

（5）权限管理：基本使用人包括标的管理员（创建新的投资标的、更新已有标的的最新行情）、用户（进行标的投资）、系统管理员（能够浏览所有信息、管理各类账号）。

## 11.4 会计记账

请设计一个公司会计记账系统，实现流水账记录、生成总账和流水账、生成财务报表等功能。具体要求如下。

（1）建账：将公司初始持有的固定资产、应收款账、应付款账、现金、存货等项目都录入系统当中。

（2）流水账记录：记录公司流水账的日期、金额、公司名称、资金方式、项目类型、项目名称、费用科目、发票号、经手人、审核人、备注等信息。

（3）生成总账和明细账：根据流水账记录，以日、周和月为单位，生成总账，查看公司总体的收支情况；根据项目类别（如应收款、应付款等类别），生成明细账，查看公司具体的收支情况。

（4）生成财务报表：根据初始财务状态和流水账记录生成财务报表（包括资产负债表、利润表和现金流量表）。

（5）权限管理：基本使用人为公司财务人员（整理单据、进行记账）、系统管理员（能够浏览所有信息、管理各类账号）。

## 11.5 仓库管理

请设计一个零售公司的货物仓库管理系统，需要实现货物调配、派发记录、库存查询、数据统计等。具体要求如下。

（1）货物入库：包括仓库调拨货物和自行采购货物，需要正确记录货物名称、数量、入库时间、经手人信息，调拨的货物需要记录原先所属仓库，采购的货物需要记录采购来源（如批发商名称、地址等信息）。

（2）货物调出：需要正确记录发出货物的名称、数量、发出时间、去向、经手人信息等。

（3）货物库存：能查看货物剩余库存；对货物按基本信息进行搜索查询；对货物按库存量、入库时间等信息进行排序；可生成相关统计表。

（4）权限管理：基本使用人为仓库管理人员（包括入库人员、出库人员，需要查看及修改货物数据）、系统管理员（能够浏览所有信息、管理各类账号）。

（5）痕迹管理：记录各权限人员的操作日志，包括浏览记录、信息修改记录等。

## 11.6 机票购买

请设计一个机票购买平台，需要实现机票查询、机票购买和退改、机票推荐等功能。具体要求如下。

（1）用户管理：平台提供用户注册渠道，用户需要提供自己的姓名、手机号、证件号、银行卡号等相关信息。

（2）机票信息录入：将机票信息录入系统，包括机票价格、起飞时间、落地时间、起飞机场、落地机场、飞行时长、直飞或中转、座位数量、退改票政策等。

（3）机票购买和退改：用户可进行机票查询及购买；当用户进行退票或改票操作时，根据退改票政策（如有无退改费、补差价等），完成退改票手续。

（4）机票推荐：向用户推荐最优机票，机票的选取标准有价格最优、飞行时间最优等。

（5）权限管理：基本使用人为信息管理员（维护机票信息）、用户（浏览及购买机票）、系统管理员（能够浏览所有信息、管理各类账号）。

## 11.7 疫情观察

请设计一套分析全球重大疫情的平台，需要实现对各个国家疫情数据的记录和展示。具体要求如下。

（1）患者数据录入：将患者的编号、姓名、性别、年龄、国家等相关信息进行录入。

（2）国家信息录入：将每个国家的信息，包括防疫政策（包括入境政策、隔离政策等）、人口数量等信息进行录入。

（3）基于国家的数据浏览：根据国家将患者数据进行分类，用户可以浏览各国的疫情数据。

（4）基于患者的数据浏览：根据患者特征（如年龄、性别等）对患者数据进行分类，用户可以自行选择浏览。

（5）数据统计：统计每个国家的疫情控制情况（疑似人数、确诊人数、死亡人数等）。

（6）权限管理：基本使用人为数据管理员（维护疫情数据）、用户（浏览疫情数据）、系统管理员（能够浏览所有信息、管理各类账号）。

## 11.8　足球资讯

请设计一套能浏览足坛资讯的平台，使得平台用户能够浏览球队、球员的历史数据和相关新闻。具体要求如下。

（1）用户管理：平台提供用户注册渠道，用户需要提供自己的用户名、手机号等信息。

（2）球队管理：将每个职业联赛的足球队的信息录入平台系统当中，包括球队的构成（包括教练团队、球员等）、球队的历史数据（战绩、总进球数、总失球数等）、球队相关新闻等。

（3）球员管理：将每个职业球员的信息录入平台系统当中，包括每个球员的历史信息（所属球队、场上的位置、场上数据等）、相关新闻等。

（4）搜索功能：用户可以搜索想要查询的球队或球员信息。

（5）权限管理：基本使用人为信息管理员（将信息录入系统，将新闻发布到平台上）、用户（浏览信息）、系统管理员（能够浏览所有信息、管理各类账号）。

## 11.9　学习平台

请设计一个学习平台，供教师出题、学生答题。具体要求如下。

（1）用户注册：平台提供用户注册渠道，用户提供用户名、手机号、相关证件（教师证或学生证）并选择相应身份（教师或学生）。

（2）题目管理：教师可上传题目，包括题目内容、所属学科、作答时间、答案等信息。

（3）答题批改：学生能够选择感兴趣的题目进行作答，系统根据答案进行批改。

（4）错题管理：学生能够查看自己先前答错的题目，并可重做错题。

（5）权限管理：基本使用人为教师（提供题目）、学生（进行答题）、系统管理员（能够浏览所有信息、管理各类账号）。

## 11.10 患者管理

请设计医院患者信息管理系统，使得患者能够阅览个人病历，并得到医生的建议和科普；医生能够阅览患者的病历，并为患者提供建议和科普。具体要求如下。

（1）患者管理：系统为患者提供注册渠道，患者提供姓名、性别、年龄、手机号、身份证号等信息。

（2）查看病历：患者能够查看自己的病历，但是无权修改；而医生能够在每次为患者就医时，查看患者的病历，并在就医结束后，更新患者的病历，提供相应建议。

（3）数据统计：根据不同群体、不同病例，系统可统计每种疾病在不同人群中的情况供用户查看。

（4）权限管理：基本使用人为患者（浏览病历及建议）、医生（浏览及更新病历、提供建议）、系统管理员（能够浏览所有信息、管理各类账号）。

# 教师服务

感谢您选用清华大学出版社的教材！为了更好地服务教学，我们为授课教师提供本书的教学辅助资源，以及本学科重点教材信息。请您扫码获取。

>> **教辅获取**

本书教辅资源，授课教师扫码获取

>> **样书赠送**

**公共基础课类**重点教材，教师扫码获取样书

 清华大学出版社

E-mail: tupfuwu@163.com
电话：010-83470332 / 83470142
地址：北京市海淀区双清路学研大厦 B 座 509

网址：http://www.tup.com.cn/
传真：8610-83470107
邮编：100084